职业教育机电类专业课程改革创新规划教材

电子电路的安装与调试

U0242918

丛书主编　李乃夫

主　　编　何远英　罗　贤

副 主 编　江吴芳

参　　编　何　波　陆志强　冯莉群
　　　　　黄伟强　潘玉娟　张　毅

电子工业出版社
Publishing House of Electronics Industry
北京·BEIJING

内 容 简 介

本书主要内容包括识别和检测电子元器件、直流稳压电路的安装与调试、流水灯电路的安装与调试、调光灯电路的安装与调试、报警电路的安装与调试、举重裁判电路的安装与调试、四人抢答器电路的安装与调试、门铃电路的安装与调试及电子电路的综合应用九个项目，这些项目融入了电子元器件、常用工具及仪表、模拟电子技术、数字电子技术的基本知识、电路安装与调试的基本技能和分析方法，同时介绍了电子设计自动化软件 Multisim 的应用及操作方法，以供电子爱好者进行仿真、设计。此外，本书在每个"学习任务"后还进行了拓展延伸，适合不同层次的学生及电子爱好者学习。

本书还配有工作页，建议读者在学习过程中，先学习工作页的内容，明确任务目标，从而进行更有效的学习，具体详见前言。

未经许可，不得以任何方式复制或抄袭本书之部分或全部内容。

版权所有，侵权必究。

图书在版编目 (CIP) 数据

电子电路的安装与调试/何远英，罗贤主编. —北京：电子工业出版社，2016.8

职业教育机电类专业课程改革创新规划教材

ISBN 978-7-121-28979-8

Ⅰ.①电…　Ⅱ.①何…②罗…　Ⅲ.①电子电路－安装－职业教育－教材②电子电路－调试方法－职业教育－教材　Ⅳ.①TN710

中国版本图书馆 CIP 数据核字（2016）第 125945 号

策划编辑：张　凌
责任编辑：靳　平
印　　刷：北京虎彩文化传播有限公司
装　　订：北京虎彩文化传播有限公司
出版发行：电子工业出版社
　　　　　北京市海淀区万寿路 173 信箱　　邮编：100036
开　本：787×1 092　1/16　印张：13　字数：489.6 千字　黑插：48
版　次：2016 年 8 月第 1 版
印　次：2024 年 8 月第 12 次印刷
定　价：38.00 元

凡所购买电子工业出版社图书有缺损问题，请向购买书店调换。若书店售缺，请与本社发行部联系，联系及邮购电话：（010）88254888，88258888。

质量投诉请发邮件至 zlts@phei.com.cn，盗版侵权举报请发邮件至 dbqq@phei.com.cn。

本书咨询联系方式：（010）88254583，zling@ phei.com.cn。

前　言

本书根据职业教育的特点，遵循"以全面素质为基础、以就业为导向、以能力为本位、以学生为主体"的职教改革思路，并注意融入对学生职业道德素养的培养，语言通俗易懂，图文并茂，可操作性强，具有很强的趣味性、科学性和实用性。以生产生活的电子电路为载体，采用"任务驱动"教学模式，通过"工作页"的引导来实现教学目标。教学过程中，充分体现了"做中学、学中做"的职教特色，将枯燥的理论与有趣的实践紧密结合起来。

★**特别建议本书使用方法**：本书所配的工作页单独成册，在教学过程中，教师可根据"工作页"提前准备学习资源（包括学习资料、工具、材料、仪表等），并引导学生提前学习工作页，学生可根据"工作页"指引，明确学习任务，并通过查阅教材中的"相关知识"等资料完成学习，从而更有效地完成教学和学习。

本书作为教材，教学建议为120学时，包括必修学时、选修学时、机动学时，学校也可根据学生层次不同及设备情况进行调整，学时建议具体如下。

项　目	任　务	建议学时数		
		必修	选修	合计
绪　论	认识电子电路	2		2
项目1　识别和检测电子元器件	学习任务1　电路的焊接及工艺	4		4
	学习任务2　常用电子仪器仪表的使用	2	2	4
	学习任务3　基本电子元器件的识别与检测	2	2	4
项目2　直流稳压电路的安装与调试	学习任务1　二极管的认识与检测	2		2
	学习任务2　单相桥式整流电路的认识	2	2	4
	学习任务3　滤波、稳压电路的认识	2	2	4
	学习任务4　直流稳压电路的安装与调试	6		6
项目3　流水灯电路的安装与调试	学习任务1　三极管的认识与检测	2	2	4
	学习任务2　基本放大电路的认识与检测	2	2	4
	学习任务3　流水灯电路的安装与调试	6		6
	任务拓展　闪光器电路的安装与调试			*
项目4　调光灯电路的安装与调试	学习任务1　晶闸管、单结晶体管的认识与检测	2		2
	学习任务2　可控整流电路及触发电路的认识	2	2	4
	学习任务3　调光灯电路的安装与调试	6		6
项目5　报警电路的安装与调试	学习任务1　集成运放的认识与应用	2		2
	学习任务2　低频功率放大器的认识	2	2	4
	学习任务3　报警电路的安装与调试	6		6

项　　目	任　　务	建议学时数		
		必修	选修	合计
项目6　举重裁判电路的安装与调试	学习任务1　集成运放的认识与应用	2		2
	学习任务2　逻辑门电路的认识与检测	2	2	4
	学习任务3　基本逻辑运算及化简			*
	学习任务4　组合逻辑电路的认识与分析	2	2	4
	学习任务5　举重裁判电路的安装与调试	6		6
项目7：四人抢答器电路的安装与调试	学习任务1　触发器的认识与测试	2	2	4
	学习任务2　时序逻辑电路的认识	2	2	4
	学习任务3　四人智力抢答器的制作	6		6
项目8：门铃电路的安装与调试	学习任务1　555芯片的认识与应用	2	2	4
	学习任务2　门铃电路的安装与调试	6		6
项目9：电子电路的综合应用	学习任务1　参观电子产品生产企业	2		2
	学习任务2　基于物联网的空气质量监测系统		6	6
机动		2	2	4
总计		86	34	120

广州市轻工技师学院的何远英、江昊芳、何波、陆志强、潘玉娟、张毅，广州市公用事业技师学院的罗贤、黄伟强，广州市交通技师学院的冯莉群参与了本书编写。其中，绪论、项目2由何远英负责编写，项目1、项目9由罗贤负责编写，项目3由潘玉娟、张毅负责编写，项目4由江昊芳负责编写，项目5由黄伟强负责编写，项目6由冯莉群、何远英负责编写，项目7由何波负责编写，项目8由陆志强负责编写。何远英、罗贤负责全书的统稿及电子资源的建设工作。

本书得到了原广州市轻工技师学院李乃夫、广州市公用事业技师学院成振洋的大力支持，李乃夫对本书的编写提出了许多宝贵的意见和建议，在此表示衷心的感谢！

本书配备工作页、教学实施评价表、电子课件、课后习题答案等教学资源，可作为高职高专、中职院校电类专业教学用的教材、电类培训用的资料，也可供电子爱好者及从事相关工作的技术人员参考。

由于编者水平有限，书中难免存在疏漏和错误，恳请广大读者批评指正，以便进一步完善。编者 E-mail：hyyten@126.com。

编　者

目　　录

绪论 认识电子电路

学习目标

1. 电子电路认知。
2. 增加学生知识面及学习兴趣。

建议课时：2课时

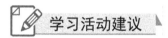

学习活动建议

1. 学生课前学习，不占用课时。
2. 教师引导，可作为后续项目加分项提问。

一、生活中的电子电路

电子技术是19世纪末、20世纪初开始发展起来的新兴技术，20世纪时其发展最为迅速、应用最为广泛，成为近代科学技术发展的一个重要标志。

进入21世纪，人们面临的是以微电子技术（半导体和集成电路为代表）、电子计算机和因特网为标志的信息社会。高科技的广泛应用使社会生产力和经济获得了空前的发展。

现代电子技术在国防、科学、工业、医学、通信及文化生活等各个领域中都起着巨大的作用。如图0-1所示，在现代社会，电子电路的应用无处不在，如收音机、电视、音响、DVD、电子手表、数码相机、计算机、大规模生产的工业流水线、机器人、航天飞机、宇宙探测仪……可以说，人们现在生活在电子世界中，一天也离不开它。

图 0-1　电子技术的应用

二、电子技术的发展

电子技术主要从电子元器件的发展及电子计算机的发展两方面来阐述。

1. 电子元器件的发展

（1）分立电子元器件阶段（1905—1959），主要以真空电子管、半导体晶体管为代表，如图 0-2 所示。

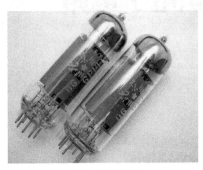
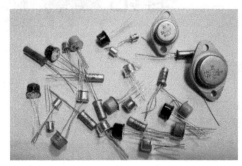

（a）真空电子管　　　　　　　　　　　　（b）半导体晶体管

图 0-2　分立电子元器件

第一代电子产品以电子管为核心。20 世纪 40 年代末，世界上诞生了第一只半导体三极管，它以小巧、轻便、省电、寿命长等特点，很快地被各国应用起来，在很大范围内取代了电子管。50 年代末期，世界上出现了第一块集成电路，它把许多晶体管等电子元器件集成在一块硅芯片上，使电子产品向更小型化发展。集成电路从小规模集成电路迅速发展到大规模集成电路和超大规模集成电路，从而使电子产品向着高效能、低消耗、高精度、高稳定、智能化的方向发展。

1905 年，爱因斯坦阐述相对论——$E=mc^2$。

1906 年，亚历山德森研制出高频交流发电机；德福雷斯特在弗莱明二极管上加栅极，制成了第一只三极管。

1912 年，阿诺德和兰米尔研制出高真空电子管。

1917 年，坎贝尔研制出滤波器。

1922 年，弗里斯研制出第一台超外差无线电收音机。

1934 年，劳伦斯研制出回旋加速器。

1940 年，帕全森和洛弗尔研制出电子模拟计算机。

1947 年，肖克莱、巴丁和布拉顿发明晶体管；香农奠定信息论的基础。

1947 年，贝尔实验室的巴丁、布拉顿和肖克莱研制出第一个点接触型晶体管。

1948 年，贝尔实验室的香农发表信息论的论文；英国采用 EDSAG 计算机，这是最早的一种存储程序数字计算机。

1949 年，诺伊曼提出自动传输机的概念。

1950 年，麻省理工学院的福雷斯特研制出磁芯存储器。

1952 年，美国爆炸第一颗氢弹。

1954 年，贝尔实验室研制太阳能电池和单晶硅。

1957 年，苏联发射第一颗人造地球卫星。

1958 年，美国德克萨斯仪器公司和仙童公司宣布研制出第一个集成电路。

（2）集成电路阶段（1959—），主要以 SSI、MSI、LSI、VLSI、ULSI 为代表，见表 0-1。

随着半导体技术的发展，1958 年美国德克萨斯公司制成了世界上第一个半导体集成电路，宣告了集成电子技术时代的到来。特别是进入 20 世纪 60 年代后，微电子技术发展迅猛，大规模集成电路和超大规模集成电路分别在 1967 年和 1977 年出现，从而使电子产品向着高效能、低消耗、高精度、高稳定、智能化的方向发展，如图 0-3 所示。

（a）第一个集成电路

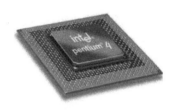

（b）微控制芯片（MCU）

（c）可编程逻辑器件（PLD）

（d）数字信号处理器（DSP）

（f）大规模存储芯片（RAM/ROM）

图 0-3 集成电路

1985 年，1 兆位 ULSI 的集成度达到 200 万个元器件，元器件条宽仅为 1μm；1992 年，16 兆位芯片集成度达到了 3200 万个元器件，其条宽减到 0.5μm，而后的 64 兆位芯片，其条宽仅为 0.3μm。

表 0-1 集成电路

时 期	规 模	集成度（元器件数）
20 世纪 50 年代末	小规模集成电路（SSI）	100
20 世纪 60 年代	中规模集成电路（MSI）	1000
20 世纪 70 年代	大规模集成电路（LSI）	>1000
20 世纪 70 年代末	超大规模集成电路（VLSI）	10000
20 世纪 80 年代	特大规模集成电路（ULSI）	>100000

（3）元器件的发展趋势

随着科技的发展，电子材料和元器件技术将发生巨大变化，下面列举了其在以下几个方面的发展趋势。

① 新型元器件将向微型化、片式化、高性能化、集成化、智能化、环保节能等方向发展。

② 行业技术进步的重点将向微小型和片式化技术、无源集成技术、抗电磁干扰技术、低温共烧陶瓷技术、绿色化生产技术等方向发展。

③ 电子材料正朝高性能化、绿色化和复合化方向发展。

④ 新型显示元器件的发展趋势是平板化、薄型化、大屏幕高清晰度和环保节能。

⑤ 电子技术与冶金、有色、化工等其他行业技术的融合将不断加深,高精度、高可靠性设备仪器和新工艺技术将成为电子材料技术发展的重要因素,绿色无害材料和工艺将得到广泛应用。

2. 电子计算机的发展

世界上第一台电子计算机于 1946 年在美国研制成功,取名 ENIAC。这台计算机使用了 18800 个电子管,占地 $170m^2$,重达 30t,耗电 140kW,价格 40 多万美元,是一个昂贵耗电的"庞然大物"。由于它采用了电子线路来执行算术运算、逻辑运算和存储信息,大大提高了运算速度。ENIAC 每秒可进行 5000 次加法和减法运算,把计算一条弹道的时间缩短为 30s。它最初被专门用于弹道运算,后来经过多次改进而成为能进行各种科学计算的通用电子计算机。从 1946 年 2 月交付使用,到 1955 年 10 月最后切断电源,ENIAC 服役长达 9 年。

伴随着电子技术的发展而飞速发展起来的电子计算机所经历的四个阶段(见图 0-4)充分说明了电子技术发展的特性。

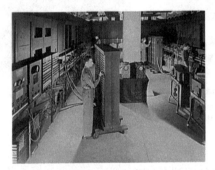
（a）ENIAC

（b）IBM 7090

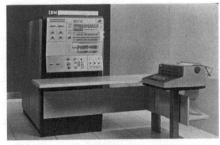
（c）IBM 360

（d）品牌计算机

图 0-4　电子计算机

第一代(1946—1957)电子管计算机时代:它的基本电子元器件是电子管,内存储器采用水银延迟线,外存储器主要采用磁鼓、纸带、卡片、磁带等。由于当时电子技术的限制,运算速度只是每秒几千次～几万次基本运算,内存容量仅几千个字。程序语言处于最低阶段,主要使用二进制表示的机器语言来编程,后阶段采用汇编语言进行程序设计。它体积大、耗电多、速度低、造价高、使用不便,主要局限于一些军事和科研部门进行科学计算。

第二代（1958—1963）晶体管计算机时代：它的基本电子元器件是晶体管，内存储器大量使用磁性材料制成的磁芯存储器。与第一代电子管计算机相比，晶体管计算机体积小、耗电少、成本低、逻辑功能强、使用方便、可靠性高（IBM 7090 系列为代表）。

第三代（1964—1970）集成电路计算机时代：它的基本元器件是小规模集成电路和中规模集成电路，磁芯存储器进一步发展，并开始采用性能更好的半导体存储器，运算速度提高到每秒几十万次基本运算。由于采用了集成电路，第三代计算机各方面性能都有了极大提高：体积缩小、价格降低、功能增强、可靠性大大提高（IBM 360 系列为代表）。

第四代（1971—）大规模集成电路计算机时代：它的基本元器件是大规模集成电路，甚至超大规模集成电路，集成度很高的半导体存储器替代了磁芯存储器，运算速度可达每秒几百万次，甚至上亿次基本运算。它具有体积小、功能强、可靠性高等特点。

三、EDA 技术

电子设计技术的核心就是 EDA 技术。EDA 是指以计算机为工作平台，融合应用电子技术、计算机技术、智能化技术最新成果而研制出的电子 CAD 通用软件包，主要能辅助进行三方面的设计工作，即 IC 设计、电子电路设计和 PCB 设计。

EDA 技术发展的三个阶段如下。

计算机辅助设计（CAD）阶段（20 世纪 70 年代）：用计算机辅助进行 IC 版图编辑、PCB 布局布线，取代了手工操作。

计算机辅助工程（CAE）阶段（20 世纪 80 年代）：与 CAD 相比，CAE 除了有纯粹的图形绘制功能外，又增加了电路功能设计和结构设计，并且通过电气连接网络表将两者结合在一起，实现了工程设计。CAE 的主要功能是原理图输入、逻辑仿真、电路分析、自动布局布线、PCB 后分析。

电子系统设计自动化（ESDA）阶段（20 世纪 90 年代以后）：设计人员按照"自顶向下"的设计方法，对整个系统进行方案设计和功能划分，系统的关键电路用一片或几片专用集成电路（ASIC）实现，然后采用硬件描述语言（HDL）完成系统行为级设计，最后通过综合器和适配器生成最终的目标元器件。

项目 **1** 识别和检测电子元器件

项目介绍

在信息时代的今天，各类电子产品充斥在我们身旁，足不出户便可通过计算机、手机等电子设备接入互联网进行工作、学习、购物。它们都有一个共同点：无论哪种电子产品，都是由基本电子元器件构成的。

本项目要求使用常用工具及仪表认识和检测常用的电子元器件（见图1-1），并掌握一定的焊接技术，为接下来的实际应用打下基础。

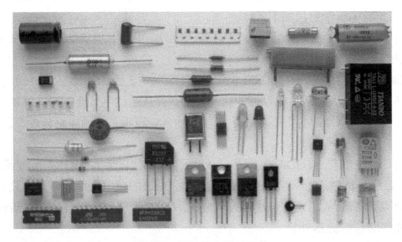

图1-1　常用的电子元器件

学习目标

1. 会使用电子装接工具及材料完成简单电子电路的拆焊与焊接。
2. 会使用万用表、示波器等常用仪器仪表测量电压、电流、电阻等电路参数。
3. 会使用仪器仪表识别及检测电阻、电容、电感等常用电子元器件。
4. 能根据测量结果绘制信号波形图，记录参数并进行简单分析。
5. 能撰写学习记录及小结。

建议课时：12 课时

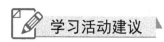

1. 教师根据"工作页"提前准备学习资源（包括学习资料、工具、材料、仪表等）。
2. 学生根据"工作页"指引，通过查阅"相关知识"等资料完成学习。
3. 学生及教师根据评价材料完成项目学习评价。

相关知识

学习任务 1　电路的焊接及工艺

基础知识

在电子电路的制作与调试过程中，电路的焊接是非常重要的一个环节，焊接质量将直接影响电路工作的可靠性。本学习任务通过对电路的拆焊及焊接练习，学习基本焊接技术及焊接工艺。

一、焊接材料

1．焊料

凡是用来熔合两种或两种以上的金属面，使之成为一个整体的金属或合金都称为焊料。按组成成分，焊料可分为锡铅焊料、银焊料和铜焊料；按熔点，焊料又可分为软焊料（熔点在450℃以下）和硬焊料（熔点高于450℃）。

常用的焊料是锡铅焊料，即焊锡丝，它是锡和铅的合金，是软焊料，直径有 0.5、0.8、0.9、1.0、1.2、1.5、2.0、3.0、4.0、5.0（单位为 mm）等多种，如图 1-2 所示。

图 1-2　焊锡丝

2．助焊剂

在焊接过程中，常要使用助焊剂。常用的助焊剂有松香、松香酒精溶液、焊油、焊锡膏等。松香（见图 1-3）和松香酒精溶液属中性助焊剂，它们不腐蚀电路元器件和影响电路板的绝缘性能，助焊效果好，因此使用较多。

图 1-3　松香助焊剂

为了去除焊点处的锈渍，确保焊点质量，有时也采用少量焊油或焊锡膏，因它们属于酸性助焊剂，对金属有腐蚀作用，因此，焊接后一定要用酒精将焊点擦洗干净，以防损害印制电路板和元器件引线。

二、焊接工具

1．电烙铁

1）电烙铁的种类

如图 1-4 所示，电烙铁是手工焊接的重要工具，表述其性能的指标有输出功率及加热方式。按其加热方式可分为外热式和内热式两种。外热式的电烙铁一般功率都较大；内热式的电烙铁体积较小，价格便宜，发热效率较高，而且更换电烙铁头也较方便。除此之外，还出现了恒温电烙铁、精密恒温焊台、吸锡电烙铁、热风恒温拆焊台等多种类型。

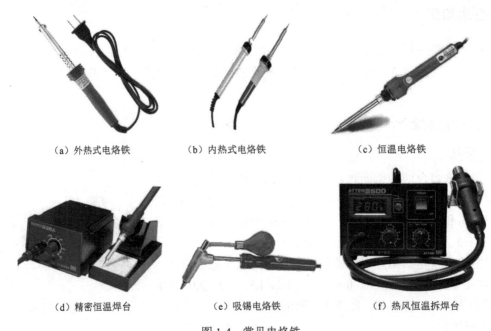

（a）外热式电烙铁　　　　　（b）内热式电烙铁　　　　　（c）恒温电烙铁

（d）精密恒温焊台　　　　　（e）吸锡电烙铁　　　　　（f）热风恒温拆焊台

图 1-4　常见电烙铁

电烙铁一般也用其电功率表示，输出功率越大，发出的热量就越大，温度则越高，常用的规格有 20W、25W、30W、45W、75W、100W 等。

外热式电烙铁结构如图 1-5（a）所示，电烙铁芯安装在电烙铁头外。外热式电烙铁体积和质量都较大，价格也较高，预热时间长。

内热式电烙铁结构如图 1-5（b）所示，电烙铁芯安装在电烙铁头内，与空气隔绝，所以不容易氧化，寿命长，同时由于热量直接传入电烙铁头，热量利用率高达 85%～90%，且发热快。内热式电烙铁的缺点是钢管与胶木柄结合处比较脆弱，使用时切不可用力过大。另外，电烙铁芯中的瓷棒、瓷管细而薄，经不起震动或敲击。

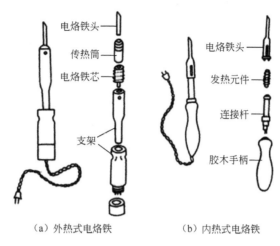

（a）外热式电烙铁　　　　　（b）内热式电烙铁

图 1-5　电烙铁结构

2）电烙铁功率的选用

选用何种规格的电烙铁，要根据被焊元器件而定。外热式电烙铁适用于焊接电子管电路、体积较大的元器件，内热式电烙铁适用于焊接电子元器件、集成电路和印制电路板。如果电烙铁规格使用不当，轻者造成焊点质量不高，重者损害所含元器件或线路板的焊点与连线。选择电烙铁功率的依据见表 1-1。

表 1-1　选择电烙铁功率的依据

焊接对象及工作性质	电烙铁头温度（室温，220V）	选用的电烙铁
一般印制电路板、安装导线	300～400	20W 内热式，20W 外热式
集成电路	300～400	20W 内热式
焊片、电位器、2～8W 电阻器，大电解电容器、大功率管	350～450	30～50W 内热式、50～75W 外热式
8W 以上的电阻器、2mm 以上的导线	400～550	100W 内热式、150～200W 外热式
汇流排、金属板等	50～630	30W 外热式
维修、调试一般电子产品		20W 内热式

3）电烙铁头的选用

电烙铁具有使用灵活、操作方便、适应性强、焊点质量容易控制、投资少等优点。但如果没有好的电烙铁头，电烙铁就不可能具备以上优点，因此好的电烙铁也要选择好的电烙铁头，常见的电烙铁头如图 1-6 所示。

① 合金头。合金头又称为长寿式电烙铁头，其寿命是一般纯铜头寿命的 10 倍。因为焊接时是利用电烙铁头上的电镀层焊接，所以合金头不能用锉刀锉。如果电镀层被磨掉，电烙铁头将不能再粘锡导热；若电镀层在使用中有较多氧化反应物和杂质，可以在石棉垫上轻轻擦除。

② 纯铜头。纯铜头在空气中极易氧化，故应进行镀锡处理。具体方法是：先用锉刀锉出铜色，然后上松香镀锡。有些纯铜电烙铁头在连续使用过程中，其刀刃发生氧化而凹陷发黑，这时就要拔下电源插头，用锉刀重新锉好并上锡。如果不是连续使用，应将电烙铁头蘸上焊锡置于电烙铁架上，拔下电源插头，否则由于电烙铁头上焊锡过少而氧化发黑，电烙铁头将不能再粘锡。

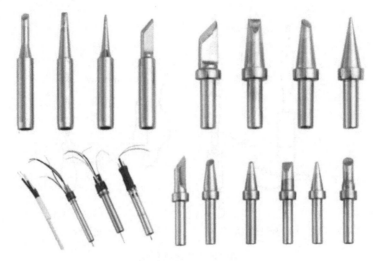

图1-6　电烙铁头

为了保证可靠方便的焊接，必须合理使用电烙铁头形状和尺寸。选择电烙铁头的依据是：它的接触面积小于被焊点（焊盘）的面积。电烙铁头接触面积过大，会使过量的热量传导给焊接部位，损坏元器件。一般来说，电烙铁头越长越粗，则温度越低，焊接时间就越长；反之，电烙铁头尖的温度越高，焊接越快。

常用的几种电烙铁头的外形有圆斜面式、凿式、锥式和斜面复合式。凿式电烙铁头多用于电器维修工作，锥式电烙铁头适合于焊接高密度的焊点和小面怕热的元器件，当焊接对象变化大时，可选用适合于大多数情况的斜面复合式的电烙铁头。

4）电烙铁使用注意事项

使用电烙铁首先要注意安全。使用前除了用万用表欧姆挡测量插头两端是否短路或开路现象外，还要用 $R×10k$ 挡或 $R×1k$ 挡测量插头和外壳之间的电阻。如果电阻大于 $2M\Omega$ 就可以使用，否则须检查漏电原因，并加以排除方能使用。

🎓 注 意 ● ● ● ●

　　电烙铁初次使用时，要先将电烙铁头浸上一层焊锡。方法是将电烙铁头加热以后，用电烙铁架上的海绵垫（海绵垫要浸水）旋转摩擦数遍，直到电烙铁头变亮，加锡即可。这样做，不但能够保护电烙铁头不被氧化，而且使电烙铁头传热快，电烙铁使用长久。

2. 其他焊接工具

电子装配工具除了电烙铁外，还有尖嘴钳、平口钳、偏口钳、镊子、电烙铁架等，如图1-7所示。

尖嘴钳：头部较细，适用于夹小型金属零件或弯曲元器件引线。

平嘴钳：它主要用于拉直裸导线或将较粗的导线及较粗的元器件引线成型。

偏口钳：偏口钳又称斜口钳，主要用于剪切导线，尤其适合用来剪除网绕后元器件多余的引线。

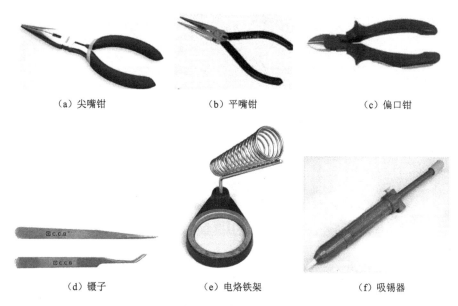

（a）尖嘴钳 （b）平嘴钳 （c）偏口钳

（d）镊子 （e）电烙铁架 （f）吸锡器

图 1-7　其他焊接工具

镊子：主要作用是用来夹持物体。端部较宽的医用镊子可夹持较大的物体，而头部尖细的普通镊子，适用夹持细小物体。在焊接时，可用镊子夹持导线或元器件。

电烙铁架：放置电烙铁和焊剂等。

吸锡器：收集拆卸焊盘电子元器件时熔化的焊锡。

三、焊接方法

手工焊接握电烙铁的方法有正握、反握及握笔式三种，如图 1-8 所示。焊接元器件及维修电路板时以握笔式较为方便。

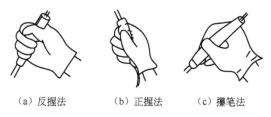

（a）反握法 （b）正握法 （c）攥笔法

图 1-8　电烙铁握法

手工焊接一般分四步骤进行。

1. 焊前准备

清洁被焊元器件处的积尘及油污，再将被焊元器件周围的元器件左右掰一掰，让电烙铁头可以触到被焊元器件的焊锡处，以免电烙铁头伸向焊接处时烫坏其他元器件。焊接新的元器件时，应对元器件的引线镀锡，如图 1-9 所示。

2. 五步焊接法

五步焊接法如图 1-10 所示。

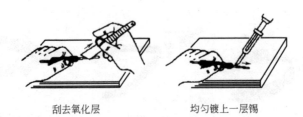

刮去氧化层　　　　　均匀镀上一层锡

图1-9　焊前准备

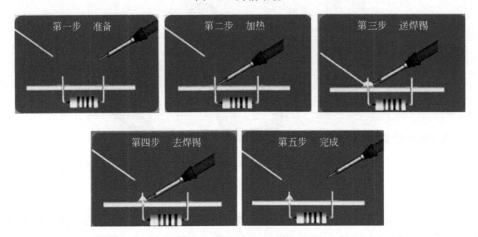

图1-10　五步焊接方法

（1）准备施焊：左手焊锡丝，右手握电烙铁（电烙铁头要保持清洁，并使焊接头随时保持施焊状态）。

（2）加热焊件：应注意电烙铁头要同时接触焊盘和元器件的引线，要均匀受热，时间为1~2s。

（3）送入焊丝：加热焊件达到一定温度后，将焊丝从对面接触焊件。

（4）移开焊丝：当焊丝熔化一定量后，立即移开焊丝。

（5）移开焊铁：焊锡镀润焊盘或焊件的施焊部位后，移开电烙铁。

3．清理焊接面

若所焊部位焊锡过多，可将电烙铁头上的焊锡甩掉（注意不要烫伤皮肤，也不要甩到印制电路板上），用光烙锡头"蘸"些焊锡出来。若焊点焊锡过少、不圆滑时，可以用电烙铁头"蘸"些焊锡对焊点进行补焊。

4．检查焊点

看焊点是否圆润、光亮、牢固，是否有与周围元器件连焊的现象。

如图1-11所示为焊接过程，其中手工焊接对焊点的要求如下。

（1）电连接性能良好。

（2）有一定的机械强度。

（3）光滑圆润，无裂纹、针孔、拉尖等现象。

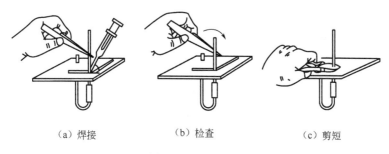

（a）焊接　　　　　　　（b）检查　　　　　　　（c）剪短

图 1-11　焊接过程

三、不合格焊点列举及原因分析

不合格焊点列举对比如图 1-12 所示，引起焊接质量不高的原因分析如下。

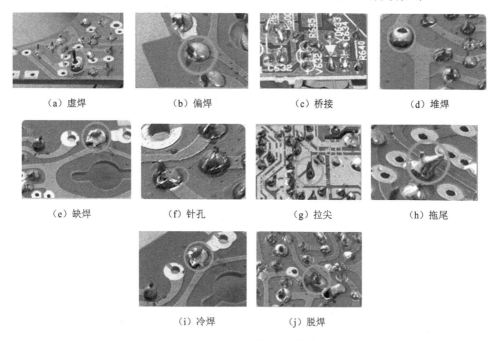

（a）虚焊　　　　（b）偏焊　　　　（c）桥接　　　　（d）堆焊

（e）缺焊　　　　（f）针孔　　　　（g）拉尖　　　　（h）拖尾

（i）冷焊　　　　（j）脱焊

图 1-12　不合格焊点列举

虚焊：焊件表面清理不干净，加热不足或焊料浸润不良。

偏焊：焊料四周不均，偏焊或出现空洞。

桥接：焊料将两个相连的铜箔连接在一起，造成短路。

堆焊：焊锡过多，堆积在一起。

缺焊：焊锡过少，焊接不牢。

针孔：焊接时进入了气体，产生针孔。

拉尖：焊点表面出现尖端，如同钟乳石。

拖尾：焊接动作拖泥带水，造成拖尾。

冷焊：焊料在凝固时抖动，造成表面呈豆腐渣颗粒状。

脱焊：焊接温度过高，焊接时间过长，造成焊盘铜箔翘起甚至脱落。

四、元器件安装基本方法

1.元器件成型、插装

为了保证焊接质量,元器件插装前必须进行引线整形。手工插装的过程基本相同,都是将元器件逐一插入电路板上,元器件的插装有卧式(水平式)、立式(垂直式)、倒装式、横装式及嵌入式(伏式)等方法,如图 1-13 所示。

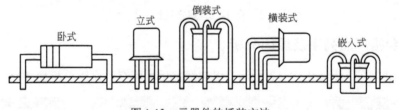

图 1-13 元器件的插装方法

电容器、三极管、晶体振荡器和单列直插集成电路多采用立式插装,而电阻器、二极管、双列直插及扁平封装集成电路多采用卧式插装。元器件的插装应遵循先小后大、先轻后重、先低后高、先里后外、先一般元器件后特殊元器件的基本原则。

2.其他要求

(1)合理布局,元器件装配要美观、排列整齐。

(2)电容器、发光二极管和三极管采用垂直安装方式,高度要求底部离万能板(8±1)mm。

(3)电阻色环方向一致,采用水平安装方式,高度要求离万能板 5mm。

(4)直角焊接,剪脚留头小于 1mm,不能损伤焊接面,焊点光滑干净,要注意防止漏焊、错焊和搭锡。

(5)万能板布线应正确、平直,用绝缘多股导线连接,避免出现短路现象。

五、易损元器件的焊接

易损元器件是指在安装焊接过程中,受热或接触电烙铁时容易造成损坏的元器件,如有机铸塑元器件、MOS 集成电路等。

易损元器件在焊接前要认真做好表面清洁、镀锡等准备工作,焊接时切忌长时间反复烫焊,电烙铁头及电烙铁温度要选择适当,确保一次焊接成功。此外,要少用焊剂,防止焊剂侵入元器件的电接触点(如继电器的触点)。焊接 MOS 集成电路最好使用储能式电烙铁,以防止由于电烙铁的微弱漏电而损坏集成电路。由于集成电路引线间距很小,要选择合适的电烙铁头及温度,防止引线间连锡。焊接集成电路最好先焊接地端、输出端、电源端,再焊输入端。对于那些对温度特别敏感的元器件,可以用镊子夹上蘸有无水乙醇(酒精)的棉球保护元器件根部,使热量尽量少传到元器件上。

六、元器件的拆焊

对于某种原因损坏或者错焊的元器件,须从电路板上拆下来,通常使用的办法是:在板的焊接面上找到相应的焊点,用电烙铁熔化焊料,借助吸锡器或吸锡网线(俗称吸锡线)把焊料吸走,就能把元器件从焊盘里拉出来。

 **注 意** ••••

> 在拆焊过程中，动作要谨慎，加热时间过长、拉动过于猛烈都易导致电路板焊盘脱落。

七、注意事项

（1）掌握好电烙铁的温度。

电烙铁温度的高低可从电烙铁头和松香接触时的情况来判断。当电烙铁头蘸上松香后，如果冒出柔顺的白烟，松香向电烙铁头的面上扩展，而又不"吱吱"作响时，那么就是电烙铁头最好的焊接状态，此时焊出的焊点比较光亮。若松香只是在电烙铁头上缓慢熔化发出轻烟，那么即使电烙铁粘上锡，但由于温度低，焊点上的锡也会像豆腐渣一样不易焊牢。

（2）控制好焊接加热时间。

如果加热时间太短，焊剂未能充分挥发，在焊锡和金属之间会隔一层焊剂，焊锡不能将焊点充分覆盖，形成松香灰渣而造成虚焊。如加热时间过长，会造成过量的加热，使助焊剂全部挥发完，当电烙铁离开时容易拉成锡尖，同时焊点发白，失去光泽，表面粗糙，还会出现松香炭化引起虚焊的现象，甚至导致印制电路板上铜箔焊盘的剥落，又易烫坏元器件。

（3）不要用电烙铁对焊件加力。

用电烙铁头对焊接面施加压力，不仅会加速电烙铁头的损耗，还容易损伤元器件。

（4）应加热工件，而不应加热焊丝。

要将电烙铁头以最大的接触面加热被焊工件，然后将焊锡丝放入电烙铁头与工件的间隙中，让锡液流动而焊接。

（5）焊丝不得过多，过多易掩饰虚焊点。

（6）要让焊锡自然冷却，不必用口吹来加速冷却。

（7）随时保持电烙铁头的清洁，经常擦去电烙铁头上的氧化物及杂质炭渣。

知识拓展

电子产品生产工艺流程

一、电子产品的构成

电子产品有的简单、有的复杂，一般地讲，电子产品的结构框图如图 1-14 所示。

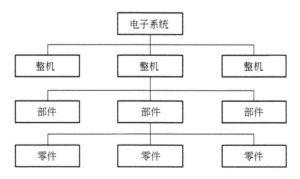

图 1-14 电子产品的结构框图

例如，一套闭路电视系统由前端的卫星接收机、节目摄录设备、编辑播放设备、信号混合设备、传输部分的线路电缆、线路放大器、分配器、分支器等，以及终端的接收机等组成。卫星接收机、放大器等是整机，而接收机和放大器中的电路板、变压器等是其中的部件，电路板中的元器件、变压器中的骨架等则是其中的零件。有些电子产品的构成比较简单，例如，一台收音机由电路板、元器件、外壳等组成，这些分别是整机、部件和零件，没有系统这个级别。

电子产品的形成也和其他产品一样，要经历新产品的研制、试制试产、测试验证和大批量生产几个阶段，才能进入市场和到达用户手中。在产品形成的各个阶段，都有工艺技术人员参与，解决和确定其中的工艺方案、生产工艺流程和方法。

二、电子产品生产的基本工艺流程

这里讲的电子产品生产工艺是指整机的生产工艺。

电子产品的装配过程是先将零件、元器件组装成部件，再将部件组装成整机，其核心工作是将元器件组装成具有一定功能的电路板部件或叫组件（PCBA）。本书所指的电子工艺基本上是指电路板组件的装配工艺。

在电路板组装中，可以划分为机器自动装配和人工装配两类。机器装配主要指自动铁皮装配（SMT）、自动插件装配（AI）和自动焊接，人工装配指手工插件、手工补焊、修理和检验等。电路产品生产基本工艺流程图如图1-15所示。

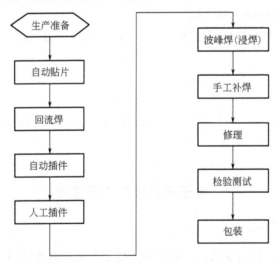

图1-15　电子产品生产基本工艺流程图

生产准备是将要投入生产的原材料、元器件进行整形，如元器件剪脚、弯曲成需要的形状，导线整理成所需的长度，装上插接端子等。这些工作是必须在流水线开工以前就完成的。

自动贴片是将贴片封装的元器件用SMT技术贴装到电路印制板上，经回流焊工艺固定焊接在电路印制板上。

自动插件是机器将可以机插的元器件插到电路板上的相应位置，经机器弯角初步固定后就可转交到手工插接线上。

人工将那些不适合机插、机贴的元器件插好，经检验后送入波峰焊机或浸焊炉中焊接。

焊接后的电路板个别不合格部分由人工进行补焊、修理，然后进行 ICT 静态测试、功能性能的检测和调试、外观检测等检测工序。

完成以上工序的电路板即可进入整机装配、包装入库，完成整个生产流程。

 # 学习任务 2 常用电子仪器仪表的使用

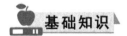 **基础知识**

一、万用表

用万用表测量电路中的电流、电压和电位是电子技术中的重要内容，在生产、检修和开发电子产品中，精确测量电路参数，是对从事电子技术工作人员技能方面的基本要求。常用的万用表有指针式和数字式两种。一般万用表的测量种类有交直流电压、直流电流、电阻等；有的万用表还能测量交流电流、电容、电感及三极管的电流放大倍数等。

1. 指针式万用表

指针式万用表又称模拟式万用表，其型号众多，如图 1-16 所示为常用的 MF-47 型万用表。

（1）使用前的检查与调整。

① 熟悉转换开关、旋钮、插孔等的作用，检查表盘符号。

② 了解刻度盘上每条刻度线所对应的被测电量。

③ 检查红色和黑色两根表笔所接的位置是否正确，红表笔插入"+"插孔，黑表笔插入"–"插孔，有些万用表另有交直流 2500V 高压测量端，在测高压时黑表笔不动，将红表笔插入高压插口。

④ 机械调零。旋动万用表面板上的机械零位调整螺钉，使指针对准刻度盘左端的"0"位置。

（2）认识万用表的直流电流、电压、交流电压的刻度。

图 1-16 MF-47 型万用表

如图 1-17 所示，从表头刻度盘上可以看出，第二条刻度线右端，标有 <u>mA</u>、左端标有 ⹌，表明第二条刻度线为直流电流、直流电压、交流电压共用的读取数据专用刻度线，它与万用表的量程转换开关配合使用。万用表的转换开关如图 1-18 所示。

图 1-17 MF-47 型万用表刻度

图 1-18 万用表的转换开关

量程：指针偏转满度时所指示的值。可通过转换开关来实现各量程。

直流电压部分量程：1000V、500V、250V、50V、10V、2.5V、1V、0.25V。

直流电流部分量程：500mA、50mA、5mA、0.5mA、50μA。

交流电压部分量程：1000V、500V、250V、50V、10V。

（3）用万用表测量检测电阻器。

① 电阻器阻值可以用万用表的电阻挡进行检测，我们来认识一下电阻挡的刻度，如图1-17所示。

第一条刻度为欧姆表刻度，左端为无穷大∞，右端为0。刻度能够标明指针偏转格数，所测量的电阻器阻值：

电阻器阻值 = 倍率 × 指针偏转格数

倍率：10kΩ/格、1kΩ/格、100Ω/格、10Ω/格、1Ω/格

② 用万用表测量电阻（Ω）。

如图1-19（a）所示，万用表欧姆调零，即把红、黑表笔短接，同时调节欧姆调零旋扭，使表针对准电阻刻度线零位置。

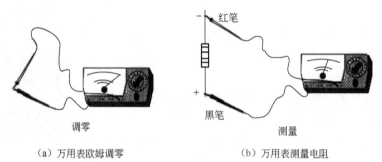

（a）万用表欧姆调零　　　　（b）万用表测量电阻

图1-19　用万用表测量电阻

注意

倍率挡 $R\times1$、$R\times10$、$R\times100$、$R\times1k$ 由 1.5V 电池供电；$R\times10k$ 由 9V 电池供电。黑表笔与表内电池的正极连接；红表笔与电池负极连接。

③ 测量电阻时，选择合适的量程。选择合适量程的准则是，读数时尽量使指针偏转在万用表的 100 格处往右至最右端的范围内。

例如，测一只电阻器，倍率选为 $R\times100\Omega$，指针偏转格数如图1-17所示，可读作 6.5 格（估读 1 位小数），则该电阻器的阻值为 100Ω/格×6.5 格=650Ω。

测量未知阻值电阻器时，先不用调零，倍率挡任意；可先粗测电阻，看指针偏转范围，若指针偏转角度较小（在 100 格左侧），说明该电阻器阻值较大，应提高倍率挡；反之，若指针偏转角度较大（在 0 格附近），说明该电阻器阻值小，应降低倍率挡。倍率挡合适之后，再将两表笔短接、调零后再测量阻值，读取数据。

（4）用万用表测量直流电流、直流电压和交流电压。

① 直流电流测量。

测量流过电阻器的电流，如图1-20所示。开关转至直流电流挡，确定量程，测量时红表

笔接高电位，电流流入红笔，黑表笔接低电位，电流从黑笔流出，电流表串联在被测电路中。假设指针偏转如图 1-17 所示，电流表量程为 50mA，则流过电阻器的电流为 38.6mA。

② 直流电压测量。

如图 1-21 所示，测量直流电压时，开关转至直压电流挡，确定量程，红表笔接高电位；黑表笔接低电位，电压表并联在被测电路两端（若接反，指针会向左侧偏转）。假设指针偏转如图 1-17 所示，电压表量程为 10V，则该电压为 7.7V（估读 1 位）。

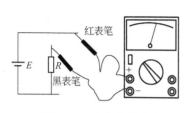

图 1-20　直流电流测量

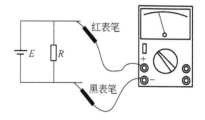

图 1-21　直流电压测量

③ 交流电压测量。

开关转至交流电压挡，合理确定量程，测量时两表笔可任意接入，电压表与被测电路并联。假设指针偏转如图 1-17 所示，交流电压量程为 250V，则该电压为 193V。

注 意

（1）测量时，不能用手触摸表笔的金属部分，以保证安全和测量的准确性。

（2）测直流量时要注意被测电量的极性，避免指针反打而损坏表头。

（3）测量较高电压或大电流时，不能带电转动转换开关，避免转换开关的触点产生电弧而被损坏。

（4）测量完毕后，将转换开关置于交流电压最高挡或空挡。

2．数字式万用表

数字式测量仪表有取代模拟式仪表的趋势。与模拟式仪表相比，数字式仪表灵敏度高，准确度高，显示清晰，过载能力强，便于携带，使用更简单。

如图 1-22 所示，以 VC9801 型数字万用表为例，简单介绍其使用方法和注意事项。

1）使用方法

① 使用前，应认真阅读有关的使用说明书，熟悉电源开关、量程开关、插孔、特殊插口的作用。

② 将电源开关置于 ON 位置。

③ 交直流电压的测量：根据需要将量程开关拨至 DCV（直流）或 ACV（交流）的合适量程，红表笔插入 V/Ω孔，黑表笔插入 COM 孔，并将表笔与被测线路并联，读数即显示。

④ 交直流电流的测量：将量程开关拨至 DCA（直流）或 ACA（交流）的合适量程，红表笔插入 mA 孔（<200mA 时）或 10A 孔（>200mA 时），黑表笔插入 COM 孔，并将万用表串联在

图 1-22　VC9801 型数字万用表

被测电路中即可。测量直流量时，数字万用表能自动显示极性。

⑤ 电阻的测量：将量程开关拨至Ω的合适量程，红表笔插入 V/Ω孔，黑表笔插入 COM 孔。如果被测电阻值超出所选择量程的最大值，万用表将显示"1"，这时应选择更高的量程。测量电阻时，红表笔为正极，黑表笔为负极，这与指针式万用表正好相反。因此，测量晶体管、电解电容器等有极性的元器件时，必须注意表笔的极性。

2）使用注意事项

① 如果无法预先估计被测电压或电流的大小，则应先拨至最高量程挡测量一次，再视情况逐渐把量程减小到合适位置。测量完毕，应将量程开关拨到最高电压挡，并关闭电源。

② 满量程时，仪表仅在最高位显示数字"1"，其他位均消失，这时应选择更高的量程。

③ 测量电压时，应将数字万用表与被测电路并联。测电流时应与被测电路串联，测直流量时不必考虑正、负极性。

④ 当误用交流电压挡去测量直流电压，或者误用直流电压挡去测量交流电压时，显示屏将显示"000"，或低位上的数字出现跳动。

⑤ 禁止在测量高电压（220V 以上）或大电流（0.5A 以上）时换量程，以防止产生电弧，烧毁开关触点。

⑥ 当显示"BATT"或"LOW BAT"时，表示电池电压低于工作电压。

二、示波器

1. 示波器工作原理

如图 1-23 所示，示波器是利用电子示波管的特性，将人眼无法直接观测的交变电信号转换成图像，显示在荧光屏上以便测量的电子测量仪器。它是观察数字电路实验现象、分析实验中的问题、测量实验结果必不可少的重要仪器。

图 1-23　示波器

示波器的基本组成框图如图 1-24 所示。它由示波管、Y 轴系统、X 轴系统、Z 轴系统和电源等五部分组成。

被测信号接到"Y"输入端，经 Y 轴衰减器适当衰减后送至 Y 轴放大器，放大后产生足够大的信号，加到示波管的 Y 轴偏转板上。为了在屏幕上显示出完整的稳定波形，将 Y 轴的被测信号引入 X 轴系统的触发电路，在引入信号的正（或者负）极性的某一电平值产生触发脉冲，启动锯齿波扫描电路（时基发生器），产生扫描电压。由于从触发到启动扫描有一时间延迟 τ_2，为保证 Y 轴信号到达荧光屏之前 X 轴开始扫描，Y 轴的延迟时间 τ_1 应稍大于 X 轴的

延迟时间 τ_2。扫描电压经 X 轴放大器放大，加到示波管的 X 轴偏转板上。Z 轴系统用于放大扫描电压正程，并且变成正向矩形波，送到示波管栅极，这使得在扫描正程显示的波形有某一固定辉度，而在扫描回程进行抹迹。

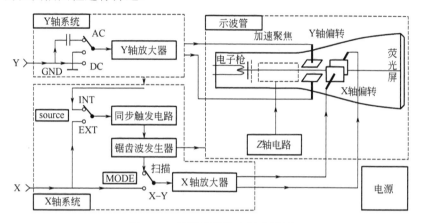

图 1-24 示波器的基本组成框图

以上是示波器的基本工作原理。双踪显示则是利用电子开关将 Y 轴输入的两个不同的被测信号分别显示在荧光屏上。由于人眼的视觉暂留作用，当转换频率高到一定程度后，看到的是两个稳定的、清晰的信号波形。

注 意 ● ● ● ● ●

示波器中往往有一个精确稳定的方波信号发生器，供校验示波器用。

2．示波器使用

示波器种类、型号很多，功能也不同。下面以 CA8020A 双踪示波器为例进行介绍。

1）面板介绍

CA8020A 双踪示波器面板如图 1-25 所示。

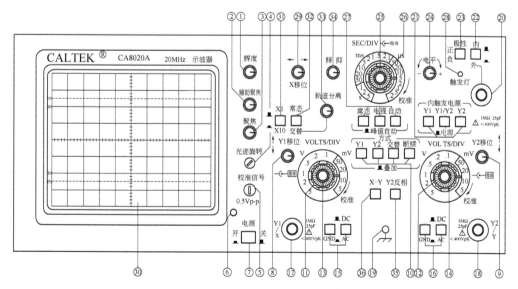

图 1-25　CA820A 双踪示波器面板

2）面板功能表（见表 1-2）

表 1-2　示波器的面板功能

序　号	控制件名称	功　　能
1	辉度（INTEN）	调节轨迹或亮点的亮度
2	辅助聚焦（FOCUS）	与聚焦配合，调节光迹的清晰度
3	聚焦（FOCUS）	调节轨迹或亮点的聚焦
4	迹线旋转（ROTATION）	调整水平轨迹与刻度线平行
5	标准信号（CAL）	提供幅度为 0.5V，频率为 1kHz 的方波信号 用于校正 10∶1 探极的补偿电容器和检测示波器垂直与水平的偏转因数
6	电源指示灯	电源接通时，灯亮
7	电源开关（POWER）	接通或关闭电源
8/9	垂直位移 Y1 或 Y2 （POSITION）	调节光迹在屏幕上的垂直位置
10	垂直方式（MODE） （选择 Y1 或 Y2 的工作模式）	Y1（CH1）或 Y2（CH2）：通道 1 或通道 2 单独显示 交替（ALT）：两个通道交替显示，用于扫速较慢的双踪显示 断续（CHOP）：两个通道断续显示，用于扫速较慢的双踪显示 叠加（ADD）：用于两个通道的代数和或差
11/12	垂直衰减开关 （VOLTS/DTV）	调节垂直偏转灵敏度
13/14	垂直微调（VAR）	连续调节垂直偏转灵敏度，顺时针旋中为校正位置
15/16	耦合方式 （AC—DC—GND）	选择被测信号馈入垂直通道的耦合方式。AC：交流耦合；DC：直流耦合；GND：垂直放大器的输入接地，同时与 Y1（X），Y2（Y）输入端断开
17/18	Y1（X），Y2（Y）	在 X-Y 模式时，作为 X 轴（或 Y 轴）输入端
19	接地（GND）	与机壳相连的接地端
20	外触发输入（EXT）	输入外部触发信号，使用该功能时，开关 22 应设在"外"位置上
21	内触发电源选择 （INT　SOURCE）	Y1：当选择 Y1、断续或叠加时，选 Y1 作为内触发信号源。Y2：当选择 Y2、断续或叠加时，选 Y2 作为内触发信号源 Y1/Y2：交替选择 Y1/Y2 作为内触发信号源
22	触发电源选择	内：选"内"时，内触发电源选 21 才起作用 外：外部触发信号接于 20 作为触发信号源
23	触发极性（SLOPE）	触发信号极性选择，"+"上升沿触发或"−"下降沿触发
24	触发电平（LEVEL）	调节被测信号在某一电平触发扫描。显示一个同步稳定的波形，并设定一个波形的起始点。向"+"旋转则触发电平向上移，向"−"旋转则触发电平向下移
25	水平微调（VAR）	连续调节扫描速度，顺时针旋为校正位置
26	水平扫描速度开关 （SEC/DIV）	调节扫描速度，分 20 挡，从 0.2μs/div 到 0.5s/div（当设置 X-Y 位置时不起作用）

续表

序 号	控制件名称	功 能
27	触发方式 （TRIG MODE）	常态（NORM）：无信号时，屏幕上无显示，有信号时，与电平控制配合显示稳定波形 自动（AUTO）：无信号时，屏幕上显示光迹，有信号时，与电平控制配合显示稳定波形 峰值自动（P-P AUTO）：无信号时，屏幕上显光迹；有信号时，无须调节电平即能获得稳定波形显示
28	触发指示（TRIG'D）	触发扫描（同步）时，（发光二极管）指示灯亮
29	水平位移（POSITION）	调节光迹在屏幕上的水平位置
30	屏幕	显示光迹（波形）
31	扫描扩展开关	按下×10开关时扫速扩展10倍，按下×1开关时未扩展
32	交替扫描扩展开关 （交替×1开关、×10开关）	按下时屏幕同时显示扩展后（10倍）的波形和未被扩展的波形
33	轨迹分离（TRAC SEP）	交替扫描扩展时，调节扩展和未扩展波形的相对距离
34	释抑	改变扫描休止时间，同步多周期复杂波形
35	通道2（Y2）反相（CH2INV）	按入后，Y2的信号及Y2的触发信号同时反相
36	X-Y方式开关	按入后，Y1的信号被送到水平放大器做水平方向的显示
37	外监频输出	监视示波器显示某一通道波的频率
38	电源插座及熔丝座	220V电源插座，熔丝0.75A（在后面板上）

3. 示波器校准步骤指引

示波器在使用之前要校准，步骤如下。

（1）将所有按钮置于按起状态，将所有旋钮调整到中间位置。

（2）将探头安装到示波器的"Y1通道接口" ，按下"电源（POWER）"。

（3）将"显示方式"Y1的按钮 按下，将"内触发源"Y1的按钮 按下，此时在显示屏上应显示一条水平亮线。如果没有显示，请调节"水平X位移"、"垂直Y1位移"、"辉度"、"聚焦"旋钮直至有水平亮线为止。

（4）将"峰值自动"的"自动"按钮 按下，将Y1通道的DC/AC按钮按下选择AC 。

（5）将三个标有"校准" 的旋钮，按照"箭头"方向顺时针旋尽。

（6）将探头勾在 上，调节水平扫描时间旋钮 和Y1通道的垂直方向电压幅值调节旋钮 ，直至在显示屏上显示一个清晰便于观察的频率为 1kHz（周期 1ms），峰峰值为 0.5V 的方波波形。

三、信号发生器

如图 1-26 所示，信号发生器是指产生所需参数的电测试信号的仪器。信号发生器按信号波形可分为正弦信号发生器、函数（波形）信号发生器、脉冲信号发生器和随机信号发生器四大类。信号发生器又称信号源或振荡器，在生产实践和科技领域中有着广泛的应用。能够产生多种波形的信号发生器，如产生三角波、锯齿波、矩形波（含方波）、正弦波的信号发生器称为函数信号发生器

图 1-26　信号发生器

函数信号发生器是一种在科研和生产中经常用到的基本波形产生器，具有高度稳定性、多功能等特点。

以 5G1641A 型函数信号发生器为例讲解信号发生器使用方法。

1．面板介绍（见图 1-27）

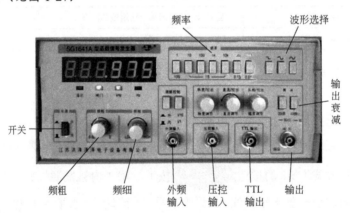

图 1-27　5G1641A 型函数信号发生器面板

2．使用步骤

（1）将电源线接入 220V、50Hz 交流电源上。应注意三芯电源插座的地线脚应与大地妥善接好，避免干扰。

（2）开机前应把面板上各输出旋扭旋至最小。

（3）为了得到足够的频率稳定度，须预热。

（4）频率调节：按下相应的按键，然后再调节至所需要的频率。

（5）波形转换：根据需要波形种类，按下相应的波形键位。波形选择键有正弦波、矩形波、三角波。

（6）幅度调节：正弦波与脉冲波幅度分别由正弦波幅度和脉冲波幅度调节。不要做人为的频繁短路实验。

四、直流稳压电源

如图 1-28 所示，直流稳压电源是能为负载提供稳定直流电源的电子装置。

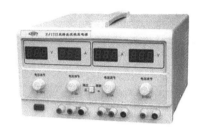

图 1-28 可调直流稳压电源

直流稳压电源的供电电源大都是交流电源，当交流供电电源的电压或负载电阻变化时，稳压器的直流输出电压都会保持稳定。

下面以 GPS-3303C 型直流稳压电源为例讲解直流稳压电源的使用方法。

1．概述

GPS-3303C 直流稳压电源具有 3 组独立直流电源输出，3 位数字显示器，可同时显示两组电压及电流，具有过载及反向极性保护，可选择连续/动态负载，输出具有 Enable/Disable 控制，具有自动串联及自动并联同步操作，定电压及定电流操作，其主要工作特性见表 1-3。

表 1-3 GPS-3303C 直流稳压电源主要工作特性

	CH1	CH2	CH3
输出电压	0～30V		5V 固定
输出电流	0～3A		3A 固定
串联同步输出电压	0～60V		—
并联同步输出电压	0～6A		

2．面板说明

GPS-3303C 型直流稳压电源面板如图 1-29 所示。GPS-3303C 型直流稳压电源面板说明见表 1-4。

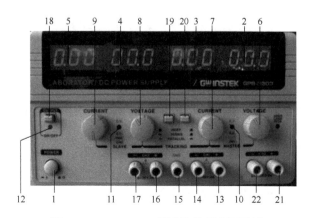

图 1-29 GPS-3303C 型直流稳压电源面板

表 1-4　GPS-3303C 型直流稳压电源面板说明

标　号	说　明
1	电源开关
2	CH1 输出电压显示 LED
3	CH1 输出电流显示 LED
4	CH2 输出电压显示 LED
5	CH2 输出电流显示 LED
6	CH1 输出电压调节旋钮，在双路并联或串联模式时，该旋钮也用于 CH2 最大输出电压的调整
7	CH1 输出电流调节旋钮，在并联模式时，该旋钮也用于 CH2 最大输出电流的调整
8	CH2 输出电压调节旋钮，用于独立模式的 CH2 输出电压的调整
9	CH2 输出电流调节旋钮，用于独立模式的 CH2 输出电流的调整
10、11	C.V./C.C.指示灯，输出在恒压源状态时，C.V.灯(绿灯)亮；输出在恒流源状态时，C.C.灯(红灯)亮
12	输出指示灯，输出开关 18 按下后，指示灯亮
13	CH1 正极输出端子
14	CH1 负极输出端子

3．使用方法

1）做独立电压源使用

（1）打开电源开关【1】。

（2）保持【19】、【20】两个按键都未按下。

（3）选择输出通道，如 CH1。

（4）将 CH1 输出电流调节旋钮【7】顺时针旋到底，CH1 输出电压调节旋钮【6】旋至零。

（5）调节旋钮【6】，输出电压值由显示 LED【2】读出。

（6）关闭电源，红/黑色测试线分别插入输出端正/负极，连接负载。待电路连接完毕，检查无误，打开电源，按下输出开关【18】，信号灯【12】亮，电压源对电路供电。

2）做并联或串联电压源使用

在用作电压源串联或并联时，两路电源分为主路电源（MASTER）和从路电源（SLAVE）。其中 CH1 为主路电源，CH2 从路电源。

SERIES（串联）追踪模式：按下按钮【19】，按钮【20】弹出，此时 CH1 输出端子负端（"−"）自动与 CH2 输出端子的正端（"+"）连接。在该模式下，CH2 的输出最大电压和电流完全由 CH1 电压和电流控制。实际输出电压值为 CH1 表头显示的 2 倍，实际输出的电流可从 CH1 和 CH2 电流表表头读出。注意，在做电流调节时，CH2 电流控制旋钮须顺时针旋转到底。

在串联追踪模式下，如果只需单电源供电，可按图 1-30 接线。如果希望得到一组共地的正负直流电源，可按图 1-31 接线。

PARALLEL（并联）追踪模式：按下按钮【19】、【20】，此时 CH1 输出端和 CH2 输出端自动并联，输出电压和电流由 CH1 主路电源控制。实际输出电压值为 CH1 表头显示值，实际输出的电流为 CH1 电流表表头显示读数的 2 倍。

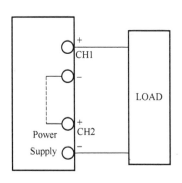
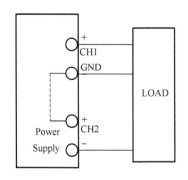

图 1-30   单电源供电接线   图 1-31   正负电源供电接线

四、注意事项

（1）电源使用时，必须正确与市电电源连接，并确保机壳有良好接地。

（2）为了避免损坏仪器，请不要在周围温度超过 40℃ 以上的环境下使用此电源。

 学习任务 3   基本电子元器件的识别与检测

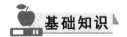

一、电阻

电阻是物质固有的属性，反映了导体对电流阻碍作用的大小。它的大小与导体的几何尺寸和导体的材料有关，而与导体两端电压和流过导体的电流无关。

电阻用 R 表示，其电路符号如图 1-32 所示。

（a）一般符号   （b）带滑动触点的电位器

图 1-32   电阻的电路符号

电阻的单位是欧姆，简称欧，用符号 Ω 表示。当导体两端电压是 1V，流过导体的电流为 1A 时，这段导体的电阻就是 1Ω。常用的单位还有千欧（kΩ）和兆欧（MΩ），它们之间的关系为

$$1MΩ = 1×10^3 kΩ；1kΩ = 1000Ω$$

1. 常用电阻器

利用导体的电阻性能而制成具有一定阻值的实体元器件，称为电阻器，它是各种电路中常用的基本元器件，主要用于调整电路中的电流和电压。

1）固定电阻器

固定电阻器的阻值不变，一般有薄膜电阻器、线绕电阻器。常见固定电阻器如图 1-33 所示。

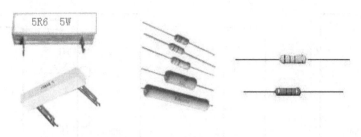

图 1-33　常见固定电阻器

2）可变电阻器

可变电阻器的阻值可在一定的范围内变化，具有三个引出端，常称为电位器，如图 1-34 所示。

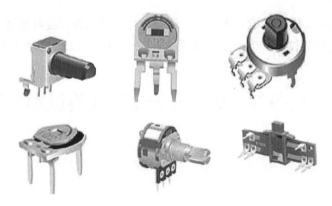

图 1-34　可变电阻器

3）敏感电阻器

敏感电阻器的阻值对温度、电压、光通、机械力、湿度及气体浓度等表现敏感，根据对应的表现敏感的物理量不同，可分为热敏、压敏、光敏、力敏、湿敏及气敏等主要类型，敏感电阻所用的电阻器材料几乎都是半导体材料，所以又称半导体电阻器，如图 1-35 所示。

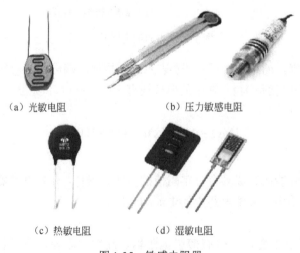

（a）光敏电阻　　　　　　　　（b）压力敏感电阻

（c）热敏电阻　　　　（d）湿敏电阻

图 1-35　敏感电阻器

2．电阻器的主要指标

电阻器的主要指标有标称阻值、允许误差、额定功率，一般都用数字或色环标注在表面。

1）标称阻值

成品电阻器上所标注的电阻值称为标称阻值。为了便于生产，同时考虑满足使用的需要，国家规定了一系列数值作为产品标准，这一系列数值称为电阻器的标称系列值。电阻器的标称系列值见表1-5。电阻器的标称阻值应为表中所列数值的10^n倍，其中n为正整数、负整数或零。

表 1-5　电阻器的标称系列值

系　　列	误　　差	标称系列值							
E24	±5%（J）	1.0	1.1	1.2	1.3	1.5	1.6	1.8	2.0
		2.2	2.4	2.7	3.0	3.3	3.6	3.9	4.3
		4.7	5.1	5.6	6.2	6.8	7.5	8.2	9.1
E12	±10%（K）	1.0	1.2	1.5	1.8	2.2	2.7	3.3	3.9
				4.7	5.6	6.8	8.2		
E6	±20%（M）		1.0	1.5	2.2	3.3	4.7	6.8	

2）允许误差

允许误差是指电阻器实际阻值相对于标称阻值所允许的最大误差范围，它标示着产品的精度，常用百分数或字母表示。表 1-5 中列出了三个等级精度，Ⅰ级精度是±5%（J）；Ⅱ级精度是±10%（K）；Ⅲ级精度是±20%（M）。

3）额定功率

额定功率是指在额定环境温度下，电阻器长期安全连续工作所允许消耗的最大功率。

3．电阻器色环标示法（色标法）

电阻器色标法是把电阻器的主要参数用不同颜色直接标示在产品上的一种方法。采用色环标注电阻器，颜色醒目，标示清晰，不易退色，从各方位都能看清阻值和误差，有利于电子设备的装配、调试和检修，因此国际上广泛采用色环标示法。表1-6列出了固定电阻器的色标符号及其意义。

表 1-6　固定电阻器的色标符号及其意义

色环颜色	有效数字	倍　乘	允许误差	色环颜色	有效数字	倍　乘	允许误差
银	—	10^{-2}	±10%	绿	5	10^5	±0.5%
金	—	10^{-1}	±5%	蓝	6	10^6	±0.2%
黑	0	10^0	—	紫	7	10^7	±0.1%
棕	1	10^1	±1%	灰	8	10^8	±0.05%
红	2	10^2	±2%	白	9	10^9	—
橙	3	10^3	—	无标识			±20%
黄	4	10^4	—				

色环电阻的色环是按从左至右的顺序依次排列的，最左边为第一环。一般电阻器有四色环，

第一、第二色环代表电阻器的第一、二位有效数字，第三色代表倍乘，第四色环代表允许误差。例如，阻值是 36000Ω、允许误差为±5%的电阻器，其色环标示如图 1-36（a）所示。精密电阻器用三位有效数字表示，所以它一般有五环。例如，阻值为 1.87kΩ、允许误差为±1%的精密电阻器，其色环如图 1-36（b）所示。

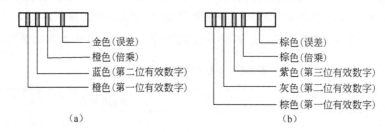

（a）   （b）

图 1-36 电阻的色环标示

4．其他电阻器的标示

1）贴片电阻

贴片电阻常见的标示方法，如图 1-37 所示。

图 1-37 贴片电阻标示方法

上面三种电阻是一般标准电阻的标识方法，可以很直观地得到阻值，即前两位为数值，后面一位为 10 的倍数，如上面的 332，即为 33×10×10=3300Ω，换一下单位就是 3.3kΩ 了。

2）排阻

排阻是将多个电阻集中封装在一起组合制成的。

常用排阻有 A 型和 B 型的区别。

A 型排阻的引脚总是奇数的。它的左端有一个公共端（用白色的圆点表示），常见的排阻有 4、7、8 个电阻，所以引脚共有 5 或 8 或 9 个。

B 型排阻的引脚总是偶数的。它没有公共端，常见的排阻有 4 个电阻，所以引脚共有 8 个。

排阻的阻值读法如下：

在三位数字中，从左至右的第一、第二位为有效数字，第三位表示前两位数字乘 10 的 n 次方（单位为Ω）。如果阻值中有小数点，则用"R"表示，并占一位有效数字。例如，标示为"103"的阻值为 $10×10^3$=10kΩ；标示为"222"的阻值为 2200Ω即 2.2kΩ；标示为"105"的阻值为 1MΩ。

一些精密排阻采用四位数字加一个字母的标示方法（或者只有四位数字）。前三位数字分别表示阻值的百位、十位、个位数字，第四位数字表示前面三个数字乘 10 的 n 次方，单位为欧姆。例如，标示为"2341"的排阻的电阻为 234×10=2340Ω。

注意

数字后面的第一个英文字母代表误差（G—2%、F—1%、D—0.25%、B—0.1%、A 或 W—0.05%、Q—0.02%、T—0.01%、V—0.005%）。

5．电阻器选用

电阻器应根据其规格、性能指标，以及在电路中的作用和技术要求来选用。具体原则是：电阻器的标称阻值与电路的要求相符；额定功率要比电阻器在电路中实际消耗的功率大 1.5～2 倍；允许误差应在要求的范围之内。

二、电容器

1．电容器和电容

两金属导体中间有绝缘介质相隔，并引出两个电极，就形成了一个电容器，电子制作中要用到各种各样的电容器。

顾名思义，电容器就是"储存电荷的容器"，是一个储能元器件。使电容器带电（储存电荷和电能）的过程称为充电，使电容器失去电荷（释放电荷和电能）的过程称为放电。通常称其容纳电荷的本领为电容量，简称为电容，用字母 C 表示，其电路符号如图 1-38 所示。

　（a）一般符号　　　（b）极性电容器　　　（c）可调电容器

图 1-38　电容器的电路符号

不同的电容器储存电荷的能力也不相同。规定把电容器外加 1V 直流电压时所储存的电荷量称为该电容器的电容量。电容的基本单位为"法拉（F）"，简称为"法"。但实际上，法拉是一个很不常用的单位，因为电容器的容量往往比 1 法拉小得多，常用微法（μF）、纳法（nF）、皮法（pF）等，它们的关系是：1 法拉（F）=1000000 微法（μF）；1 微法（μF）=1000 纳法（nF）=1000000 皮法（pF）。

2．电容器的分类

电容器种类繁多，人们常按电容器绝缘介质材料的不同来分类，如图 1-39 所示。

电容器的实物如图 1-40 所示。

3．电容的标注方法

标在电容器上的值称为电容量。但电容器实际电容量与标称电容量是有偏差的，精度等级与允许误差有对应关系。一般电容器常用Ⅰ、Ⅱ、Ⅲ级，电解电容器用Ⅳ、Ⅴ、Ⅵ级，根据用途选取。

1）直标法

把电容器容量、偏差、额定电压等参数直接标记在电容器体上，如图 1-41（a）所示，有时因面积小而省略单位，但存在这样的规律，即小数点前面为 0 时，则单位为μF；小数点前不为 0 时，则单位为 pF。例如，0.01μF、0.047μF、3300pF、560pF 显示的就是实际容量，不必换算。

2）文字符号法

如图 1-41（b）所示，与电阻文字符号法相似，只是单位不同，这种符号多用于贴片或小型电解电容，它的容量单位一般都是 pF。

简单来说，前两位为容量，第三位为倍乘数。例如，102 表示 10 加 2 个零等于 1000pF；

224 表示 22 加 4 个零等于 220000pF；472 表示 47 加 2 个零等于 4700pF。

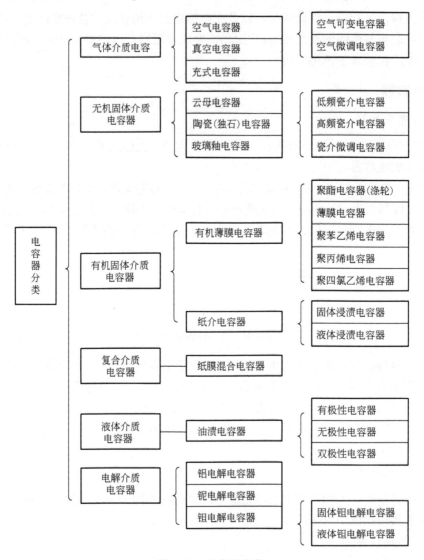

图 1-39 电容器分类

（a）电解电容　　（b）瓷片（瓷介）电容　　（c）涤纶电容　　（d）钽电容

图 1-40 电容器的实物

其他文字表示法见表 1-7。

表 1-7 其他文字表示法

表 示 字 符	容量单位（µF）	表 示 字 符	容量单位（µF）
0R1	0.1	010	1

续表

表 示 字 符	容量单位（μF）	表 示 字 符	容量单位（μF）
R15	0.15	1R5	1.5
R33	0.33	3R9	3.9
R56	0.56	6R8	6.8

另外，还有特殊表示法，例如，P82=0.82pF；6n8=6800pF；2P2=2.2pF。

3）色标法

电容器色标法与电阻器色标法规定相同，基本单位 pF，有时还会在最后增加一色环表示电容额定电压，如图 1-41（c）所示。电容容量表示方法还有色点表示法，该方法与色标法相似。新型贴片除了使用数码法、文字符号法表示外，还使用 1 种颜色 1 个字母或 1 个字母 1 个数字来表示其容量。

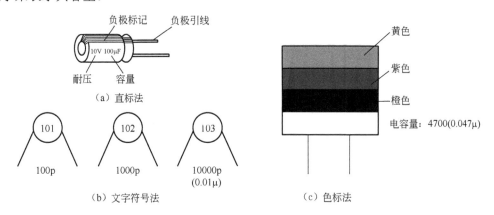

图 1-41 电容器标注方法

4．电容器的应用

电容器种类繁多，具有隔直流、通交流的特性（隔直通交），用途非常广泛，主要应用在电源电路、信号电路、电力系统及工业中。电源电路和信号电路中，电容器主要用于实现旁路、耦合、滤波、调谐和选频等方面的作用；电力系统中，电容器是提高功率因素的重要元器件；在工业上，通常采用并联电容器的办法使电网平衡。

5．电容器的识别与检测方法

电容器常见故障有：击穿短路、短路、漏电或电容变化等。通常使用指针万用表的电阻挡（$R \times 100$ 或 $R \times 1k$），利用电容器的充、放电特性，通过测量电容器两端之间的漏电阻，根据指针摆动的情况，来判别较大容量的电容器质量。

（1）将电容两引脚短路进行放电。

（2）将万用表的两表笔分别与电容器两端接触（如果是极性电容则黑表笔接正极，红表笔接负极）。

（3）现象判别。

① 如果指针有一定偏转，并很快回到接近于起始位置的地方，则电容器质量很好，漏电量很小。

② 如果指针回不到起始位置，而是停在刻度尺的某处，则电容器的漏电量很大，指针所

指的电阻值就是电容器的漏电阻值。

③ 如果指针偏转到 0Ω 之后不再回去，则说明电容器内部已经短路。

④ 如果指针不偏转，则说明电容器内部可能短路或电容很小，充、放电电流小，不足以使指针偏转。

三、电感器

1. 电感器和电感

1）电感器的定义

电感器是能够把电能转化为磁能而存储起来的元器件。电感器的结构类似于变压器，但只有一个绕组。电感器具有一定的电感，当线圈通过电流后，在线圈中形成磁场感应，感应磁场又会产生感应电流来抵制通过线圈中的电流。电感器又称扼流器、电抗器、动态电抗器。

（a）一般符号　　（b）带磁芯的电感器

图 1-42　电感器的电路符号

2）电感的符号与单位

电感用字母 L 表示，电路符号如图 1-42 所示。

电感的单位：亨（H）、毫亨（mH）、微亨（μH），

1H=1000mH=1000000μH。

3）电感的检测

将万用表打到蜂鸣二极管挡，把表笔放在两引脚上，看万用表的读数，用万用表测量其通断，理想的电感电阻很小，近乎为零。

 注意 ·····

> 对于电感线圈匝数较多、线径较细的线圈，读数会达到几十到几百欧姆，通常情况下线圈的直流电阻只有几欧姆。损坏表现为发烫或电感磁环明显损坏，若电感线圈不是严重损坏，而又无法确定时，可用电感表测量其电感量或用替换法来判断。

4）电感的分类

按绕线结构分类：单层线圈、多层线圈和蜂房线圈。

按外形分类：空心线圈与实心线圈。

按工作性质分类：高频电感器和低频电感器。

按封装形式分类：普通电感器、色环电感器、环氧树脂电感器和贴片电感器等。

按电感量分类：固定电感器和可调电感器。

电感器的实物如图 1-43 所示。

（a）高频电感器　　　　　（b）环形电感器　　　　　（c）色环电感器

图 1-43　电感器的实物

2．电感的标注方法

1）直标法

在电感线圈的外壳上直接用数字和文字标出电感线圈的电感量、允许误差及最大工作电流等主要参数。

2）色标法

色标法即用色环表示电感量，单位为 mH，第一、二位表示有效数字，第三位表示倍率，第四位为误差。

3．电感的应用

我们已经知道，电容具有"隔直流、通交流"的特性，而电感则有"通直流、隔交流"的功能。

在电子线路中，电感线圈对交流有限流作用，它与电阻器或电容器能组成高通或低通滤波器、移相电路及谐振电路等；变压器可以进行交流耦合、变压、变流和阻抗变换等。电感的基本作用为滤波、振荡、延迟、陷波等。

电感在电路最常见的作用就是与电容一起，组成 LC 滤波电路。如果把伴有许多干扰信号的直流电通过 LC 滤波电路，如图 1-44 所示，那么，交流干扰信号将被电容变成热能消耗掉，变得比较纯净的直流电流通过电感，其中的交流干扰信号也被变成磁感和热能，频率较高的最容易被电感阻抗，这就可以抑制较高频率的干扰信号。

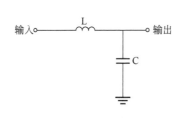

图 1-44　LC 滤波电路

知识拓展

超 级 电 容

超级电容又称黄金电容、法拉电容，它通过极化电解质来储能，属于双层电容的一种。由于其储能的过程并不发生化学反应，因此这种储能过程是可逆的，正因为此超级电容器可以反复充放电数十万次。超级电容一般使用活性炭电极材料，具有吸附面积大，静电储存多的特点，在新能源汽车中有广泛使用，其特点如下。

（1）充电速度快，只要充电几十秒到几分钟就可达到其额定容量的 95%以上；而现在使用面积最大的铅酸电池充电通常需要几个小时。

（2）循环使用寿命长，深度充放电循环使用次数可达 50 万次，如果对超级电容每天充放电 20 次，连续使用可达 68 年。如果相应地和铅酸电池比较，它的使用寿命可达 68 年，且没有"记忆效应"。

（3）大电流放电能力超强，能量转换效率高，过程损失小，大电流能量循环效率≥90%。

（4）功率密度高，可达 300～5000W/kg，相当于普通电池的数十倍；比铅酸电池能量大大提高，铅酸电池一般只能达到 0.02kWh/kg，而超级电容电池目前研发已可达 10kWh/kg。

（5）产品原材料构成、生产、使用、储存及拆解过程均没有污染，是理想的绿色环保电源。

（6）充放电线路简单，无须充电电池那样的充电电路，安全系数高，长期使用免维护。

（7）超低温特性好，使用环境温度范围宽达-40～70℃。

（8）检测方便，剩余电量可直接读出。

（9）单体容量范围通常 0.1～1000F。

项目总结

1．常用的焊料是锡铅焊料，即焊锡丝，它是锡和铅的合金，是软焊料。

2．电烙铁是手工焊接的重要工具，表述其性能的指标有输出功率及其加热方式。按其加热方式可分为外热式和内热式两种。

3．手工焊接五步焊接法：准备施焊、加热焊件、送入焊丝、移开焊丝、移开电烙铁。

4．元器件的插装有卧式（水平式）、立式（垂直式）、倒装式、横装式及嵌入式（伏式）等方法；元器件的插装应遵循先小后大、先轻后重、先低后高、先里后外、先一般元器件后特殊元器件的基本原则。

5．常用的万用表有指针式和数字式两种。一般万用表的测量种类有交直流电压、直流电流、电阻等；有的万用表还能测量交流电流、电容、电感及三极管的电流放大倍数等。

6．示波器是利用电子示波管的特性，将人眼无法直接观测的交变电信号转换成图像，显示在荧光屏上以便测量的电子测量仪器。

7．信号发生器是指产生所需参数的电测试信号的仪器，按信号波形可分为正弦信号发生器、函数（波形）信号发生器、脉冲信号发生器和随机信号发生器四大类。

8．直流稳压电源是能为负载提供稳定直流电源的电子装置。

9．电阻是物质固有的属性，反映了导体对电流阻碍作用的大小。它的大小与导体的几何尺寸和导体的材料有关，而与导体两端电压和流过导体的电流无关。

10．电容器就是"储存电荷的容器"，是一个储能元器件。使电容器带电（储存电荷和电能）的过程称为充电，使电容器失去电荷（释放电荷和电能）的过程称为放电。通常称其容纳电荷的本领为电容量，简称为电容，用字母 C 表示。

11．电感器是能够把电能转化为磁能而存储起来的元器件。电感用字母 L 表示。

项目 2 直流稳压电路的安装与调试

项目介绍

在电子产品如手机、平板计算机、PSP 游戏机等广泛应用的今天，直流稳压电源（见图 2-1）越来越成为家庭、出行必不可少的常备品。

本项目要求安装与调试的直流稳压电路属简易直流稳压电源，输入交流为 160～240V，50Hz，输出直流为 3～12V，在经过改善后，可应用于实际生活中。

图 2-1 直流稳压电源

学习目标

1. 能制订电子产品制作的工作计划。
2. 会使用万用表识别及检测二极管等常用电子元器件。
3. 会使用焊接工具安装直流稳压电路。
4. 会使用万用表、示波器等常用仪器仪表检测电路，完成电路调试。
5. 能说出整流、滤波、稳压电路的基本工作原理。
6. 能撰写学习记录及小结。

建议课时：20 课时

学习活动建议

1. 教师根据"工作页"提前准备学习资源（包括学习资料、工具、材料、仪表等）。
2. 学生根据"工作页"指引，通过查阅"相关知识"等资料完成学习。
3. 学生及教师根据评价材料完成项目学习评价。

相关知识

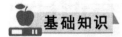 学习任务 1　二极管的认识与检测

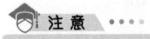 基础知识

一、半导体的认识

1．半导体材料

在我们的日常生活中，经常看到或用到各种各样的物体，它们的性质是各不相同的。有些物体如银、铜、铝等，具有良好的导电性能，我们称它们为导体。相反，有些物体如陶瓷、橡胶和塑料等不易导电，我们称它们为绝缘休（或非导体）。还有一些物体，如锗、硅、砷及大多数的金属氧化物和金属硫化物，它们既不像导体那样容易导电，也不像绝缘体那样不易导电，而是介于导体和绝缘体之间，我们把它们称为半导体，如图 2-2 所示。

硅和锗是最常用于制造各种半导体元器件的半导体材料。

图 2-2　三种材料的导电能力比较

2．半导体的特性

半导体的导电能力虽然介于导体和绝缘体之间，但半导体的应用却极其广泛，这是由半导体的独特性能决定的。

光敏性——半导体受光照后，其导电能力大大增强。

热敏性——受温度的影响，半导体导电能力变化很大。

掺杂性——在半导体中掺入少量特殊杂质，其导电能力极大地增强。

🛡 **注　意** ● ● ● ● ●

半导体材料的独特性能是由其内部的导电机理所决定的。

3．PN 结的形成

电流的形成是带电粒子的定向移动。在金属导体中，自由电子作为唯一的一种载体（又称载流子）携带着电荷移动形成电流；在电解液中，正、负离子的移动也形成电流。在半导体里，通常有两种载流子，一种是带负电荷的自由电子（简称为电子），另一种是带正电荷的空穴。在外电场的作用下，这两种载流子都可以做定向移动而形成电流。

利用半导体的掺杂性，可产生两种导电情况不同的半导体，即电子导电型（又称 N 型）半导体和空穴导电型（又称 P 型）半导体；在 N 型半导体中，电子为多数载流子，主要依靠电子来导电；在 P 型半导体中，空穴为多数载流子，主要依靠空穴来导电。

将一块半导体材料通过特殊的工艺过程使之一边形成 P 型半导体，另一边形成 N 型半导体，则在两种半导体之间出现一种特殊的接触面——PN 结，如图 2-3 所示。

PN 结是构成各种半导体元器件的基础。

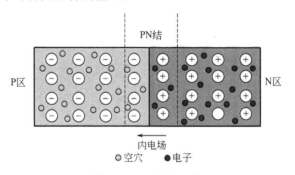

图 2-3　PN 结的形成

4．PN 结的单向导电性

在 PN 结两端加上电压，称为给 PN 结偏置。如果将 P 区接电源正极，N 区接电源负极，则称为加正向电压，简称正偏。反之称为加反向电压，简称反偏。

（1）当加正向偏置时，外电场与内电场方向相反，削弱了内电场及内电场对多数载流子扩散的阻碍作用，使扩散继续进行，形成较大的扩散电流，由 P 区流向 N 区，即在 PN 结内、外电路中形成了正向电流，这种现象称为 PN 结的正向导通，此时 PN 结呈低阻状态，如图 2-4（a）所示。

（2）当加反向偏置时，内外电场的方向相同，加强了内电场，也加强了内电场对多数载流子扩散的阻碍作用，反向电流极小，这种现象称为 PN 结的反向截止，此时 PN 结呈高阻状态，如图 2-4（b）所示。

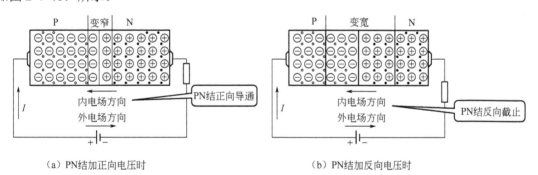

（a）PN 结加正向电压时　　　　　　　　　（b）PN 结加反向电压时

图 2-4　PN 结的单向导电性

二、二极管的认识

1．二极管的结构与电路符号

将一个 PN 结从 P 区和 N 区各引出一个电极，并用玻璃或塑料制造的外壳封装起来，就制成一个二极管，如图 2-5 所示，分别给出了点接触型、面接触型和平面型二极管的结构图，其中点接触型结面积小，适用于高频检波、脉冲电路及计算机中的开关元件。面接触型结面积大，适用于低频整流器件。平面型用于集成电路制作工艺中，PN 结结面积可大可小，用于高频整流和开关电路中。

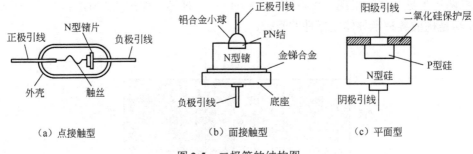

（a）点接触型　　　　　（b）面接触型　　　　　（c）平面型

图 2-5　二极管的结构图

由 P 区引出的电极为正（+）极，也称为阳极；由 N 区引出的电极为负（-）极，也称为阴极，常见二极管实物及电路符号如图 2-6 所示。

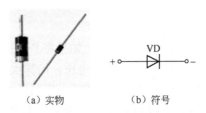

（a）实物　　　　　　（b）符号

图 2-6　二极管实物与电路符号

2．二极管的特性

由于二极管是将 P 型和 N 型半导体结合在一起做成 PN 结，再封装起来构成的，所以二极管本身就是一个 PN 结，具有单向导电性。

二极管的单向导电特性常用其伏安特性曲线来描述。所谓"伏安特性"，是指加到元器件两端的电压与通过电流之间的关系。根据半导体材料的不同，常用的二极管有硅二极管和锗二极管，如图 2-7 所示，分别为硅、锗两种二极管的伏安特性曲线。

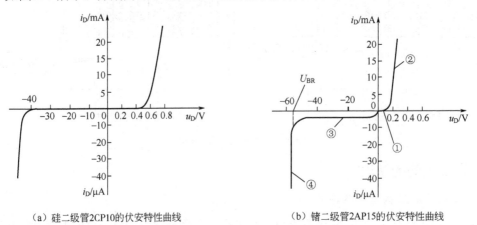

（a）硅二级管2CP10的伏安特性曲线　　　　（b）锗二级管2AP15的伏安特性曲线

图 2-7　二极管的伏安特性曲线

下面以锗二极管 2AP15 的伏安特性曲线为例，说明二极管的特性。

1）正向特性

正向特性是指二极管加正偏电压时的伏安特性，为图2-7中的第Ⅰ象限曲线。

①段：称为死区。

在正向特性的起始部分，由于正向电压较小，外电场还不足以克服内电场对多子扩散的阻力，PN结仍处于截止状态，正向电流非常小，几乎为零，①段的电压称为死区电压，其大小随管子的材料和温度不同而改变。

死区电压一般硅管为0.5V，锗管为0.1V。

②段：称为正向导通。

当外电压大于死区电压后，正向电流随着正向电压增大迅速上升。二极管导通后两端的正向压降很小且几乎不随电流而改变。

正向导通电压一般硅管为0.6～0.8V（通常取0.7V），锗管为0.2～0.3V（通常取0.3V）。

2）反向特性

反向特性是指二极管加反偏电压时的伏安特性，为图2-7中的第Ⅲ象限曲线。

③段：称为反向截止区。

当二极管两端加反向电压时，PN结处于截止状态，反向电流很小，这个区域称为反向截至区。反向电压增加时，反向电流几乎不变，这个电流称为反向饱和电流（反向漏电流）。反向饱和电流是衡量二极管质量优劣的重要参数，其值越小，二极管质量越好。

④段：称为反向击穿区。

当二极管两端所加的反向电压增大到超过某一值时，反向电流急剧增大，这一现象称为二极管的反向击穿，反向击穿时所加的电压称为反向击穿电压。

二极管被击穿后，一般不能恢复性能，所以在使用二极管时，一定要保证反向电压小于反向击穿电压。

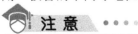
注意

使用二极管时，必须注意极性不能接反，否则电路非但不能正常工作，还有毁坏管子和其他元器件的可能。

3．二极管的主要参数

（1）最大整流电流 I_{FM}：指二极管长期运行时，允许通过的最大正向平均电流。其大小由PN结的结面积和外界散热条件决定。

（2）最高反向工作电压 U_{RM}：指二极管长期安全运行时所能承受的最大反向电压值。手册上一般取击穿电压的一半作为最高反向工作电压值。

（3）反向电流 I_R：指二极管未击穿时的反向电流。I_R值越小，二极管的单向导电性越好。反向电流随温度的变化而变化，这一点要特别加以注意。

（4）最大工作频率 f_M：此值由PN结的结电容大小决定。若二极管的工作频率超过该值，则二极管的单向导电性将变差。

注意

选择使用二极管的重要依据——最大整流电流 I_{FM} 和最高反向工作电压 U_{RM} 两个参数。

三、二极管的检测

1．半导体元器件型号命名方法

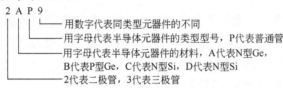

2．二极管的检测

1）目测判别极性（见图2-8）

图 2-8　目测判别极性

2）用万用表检测

在实际应用中，常用万用表电阻挡对二极管进行极性判别及性能检测。测量时，选择万用表的电阻挡 $R \times 100$（也可以选择 $R \times 1k$ 挡），将万用表的红、黑表笔分别接二极管的两端。

（1）测得电阻值较小时，黑表笔接二极管的一端为正极（＋），红表笔接的另一端为负极（－），如图 2-9（a）所示，此时测得的阻值称为正向电阻。

（2）测得电阻值较大时，黑表笔接二极管的一端为负极（－），红表笔接的另一端为正极（＋），如图 2-9（b）所示，此时测得的阻值称为反向电阻。

正常的二极管测得的正、反向电阻应相差很大。例如，正向电阻一般为几百欧至几千欧，而反向电阻一般为几十千欧至几百千欧。

（3）测得电阻值为 0 时，将二极管的两端或万用表的两表笔对调位置，如果测得的电阻值仍为 0，表明该二极管内部短路，已经损坏。

（4）测得电阻值为无穷大时，将二极管的两端或万用表的两表笔对调位置，如果测得的电阻值仍为无穷大，表明该二极管内部开路，已经损坏。

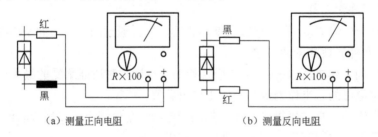

（a）测量正向电阻　　　　　　　　　　　　（b）测量反向电阻

图 2-9　用万用表检测二极管

知识拓展

一、二极管的应用——限幅电路

二极管的运用基础就是二极管的单向导电特性。在应用电路中，关键是判断二极管的导通或截止。

利用二极管的单向导电性和导通后两端电压基本不变的特点，可以组成限幅（削波）电路，用来限制输出电压的幅度，限幅电路如图 2-10 所示（u_i 为大于直流电源电压的正弦波）。

如图 2-11 所示的限幅波形图，当输入电压 u_i 低于 $E+0.7V$ 时，二极管截止，输出电压 u_o 与输入电压 u_i 一致；当输入电压 u_i 高于 $E+0.7V$ 时，二极管导通，输出电压 u_o 保持为二极管导通电压 $0.7V$ 与 E 之和，即 $E+0.7V$，把输出幅度限在电平 $E+0.7V$ 内，即

$$u_o = \begin{cases} u_i & u_i < E+0.7V \\ E+0.7V & u_i \geqslant E+0.7V \end{cases}$$

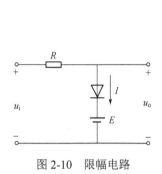

图 2-10 限幅电路

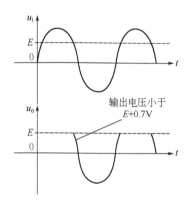

图 2-11 限幅波形图

通常将输出电压 u_o 开始不变的电压值 $E+0.7V$ 称为限幅电平，改变 E 值就可改变限幅电平。

注意

二极管导通时一般用电压源 $U_D=0.7V$（硅管，如是锗管用 0.3V）代替，或近似用短路线代替。截止时，一般将二极管断开，即认为二极管反向电阻为无穷大。

二、特殊二极管

下面我们来介绍一下特殊二极管及其应用，见表 2-1。

表 2-1 特殊二极管及其应用

名　称	实　物	符　号	应　用
稳压二极管		VZ	工作于反向击穿区，常用于直流稳压电源
发光二极管			常用于信号指示、数字和字符显示等

续表

名　称	实　物	符　号	应　用
光电二极管			光探测器、光电传感器等感光装置
变容二极管			参量放大器、电子调谐器及倍频器等微波电路

1．稳压二极管

1）稳压二极管及其特性

稳压二极管是用特殊工艺制造的硅二极管，工作在二极管伏安特性曲线的反向击穿区域，其伏安特性曲线如图 2-12（a）所示。从图 2-12（a）可见，当反向电压 U 较小时，其反向电流 I_Z 很小；但若反向电压 U 增加达到某一值（A 点）时，反向电流 i_Z 开始急剧增加，进入反向击穿区域；此时反向电压 U 若有微小的增加（Δu_Z），就会引起反向电流 I_Z 的急剧增大（Δi_Z），即反向电流大范围的变化（Δi_Z）而反向电压却几乎不变（Δu_Z）。稳压二极管就是利用这一特性在电路中起稳压的作用。

稳压二极管的电路符号如图 2-12（b）所示，文字符号用"VZ"表示。

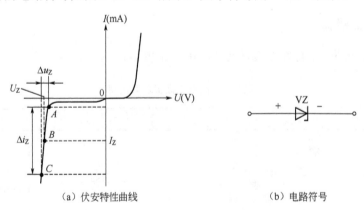

（a）伏安特性曲线　　　　　　　　（b）电路符号

图 2-12　稳压二极管

2）稳压二极管的主要参数

稳定电压 U_Z——稳压二极管在正常工作状态下两端的反向击穿电压值。

稳定电流 I_Z——稳压二极管在稳定电压 U_Z 下的工作电流。

最大耗散功率 P_{ZM}——稳压二极管的稳定电压 U_Z 与最大稳定电流 I_{ZM} 的乘积。在使用中若超过 P_{ZM} ，稳压管将被烧毁。

温度系数——通常稳压值 U_Z 高于 6V 的稳压二极管具有正温度系数,稳压值低于 6V 的稳压二极管具有负温度系数，稳压值在 6V 左右的稳压管温度系数最小。由于硅材料管的热稳定性比锗材料管好，所以一般采用硅材料制作稳压二极管。

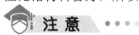

注 意

(1) 稳压二极管使用时，应反向接入电路。

(2) 电源电压应高于稳压二极管的稳压值。

(3) 稳压管应与负载电阻并联。

(4) 必须限制流过稳压管的电流 I_Z（通常通过串联限流电阻限制），不能超过规定值，以免因过热而烧毁管子。

2．发光二极管

发光二极管通常由砷化镓、磷化镓等材料制成，当有电流通过时，管子可以发出光来。发光二极管常用来作为显示器件，除单个使用外，也常做成七段数码显示器。另外，发光二极管可以将电信号转换为光信号，然后由光缆传输，再由光电二极管接收，转换成电信号，完成信号的远距离传输。

3．光电二极管

光电二极管的结构与普通二极管相似，但在它的 PN 结处，通过管壳上的玻璃窗口能接收外部的光照。光电二极管在反向偏置状态下运行，它的反向电流随光照强度的增加而上升。光电二极管是将光信号转换为电信号的常用元器件。

4．变容二极管

变容二极管是利用 PN 结的电容效应工作的一种特殊二极管，它工作在反向偏置状态，改变反偏直流电压，就可以改变其电容量。变容二极管应用于谐振电路中，例如，在电视机电路中把变容二极管作为调谐回路的可变电容器，实现频道的选择。

学习任务 2　单相桥式整流电路的认识

基础知识

利用二极管的单向导电性，将正弦交流电转换成脉动直流电，这称为整流。整流电路可分为单相整流电路和三相整流电路两大类，根据整流电路的形式，还可以分为半波整流电路、全波整流电路和桥式整流电路三种。这里重点讨论单相桥式整流。

注 意

为简单起见，下面分析中，均把二极管当作理想元器件来处理，即认为它的正向导通电阻为零，反向电阻为无穷大。

一、单相半波整流电路

如图 2-13（a）所示，单相半波整流电路主要由一个电源变压器 T、一个整流二极管 VD 及一个负载电阻 R_L 构成，其工作原理如下。

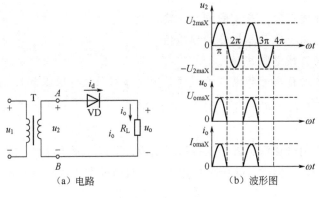

（a）电路　　　　　　　　　　（b）波形图

图 2-13　单相半波整流电路

设 u_2 为正弦波，波形如图 2-13（b）所示。

（1）u_2 正半周时，A 点电位高于 B 点电位，二极管 VD 正偏导通，则 $u_o = u_2$。

（2）u_2 负半周时，A 点电位低于 B 点电位，二极管 VD 反偏截止，则 $u_o = 0$。

由波形可见，u_2 一周期内，负载只用单方向的半个波形，这种大小波动、方向不变的电压或电流称为脉动直流电。上述过程说明，利用二极管单向导电性可把交流电 u_2 变成脉动直流电 u_o。由于电路仅利用 u_2 的半个波形，故称为半波整流电路。

二、单相桥式整流电路介绍

如图 2-14（a）所示，单相桥式整流电路主要由一个电源变压器 T、4 个整流二极管 $VD_1 \sim VD_4$ 及一个负载电阻构成。因 4 个整流二极管 $VD_1 \sim VD_4$ 接成电桥的形式，故有桥式整流电路之称。图 2-14（b）是它的简化画法。

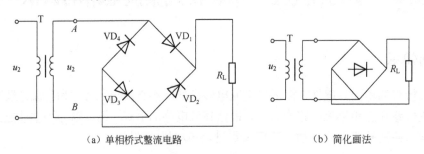

（a）单相桥式整流电路　　　　　　　　　（b）简化画法

图 2-14　单相桥式整流电路

如图 2-15 所示，单相整流电路工作过程如下。

（1）u_2 正半周时，如图 2-15（a）所示，A 点电位高于 B 点电位，则 VD_1、VD_3 导通（VD_2、VD_4 截止），i_1 自上而下流过负载电阻。

（2）u_2 负半周时，如图 2-15（b）所示，A 点电位低于 B 点电位，则 VD_2、VD_4 导通（VD_1、

VD$_3$ 截止），i_2 自上而下流过负载电阻。

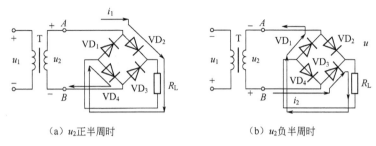

（a）u_2 正半周时　　　　　　　　（b）u_2 负半周时

图 2-15　单相桥式整流电路工作过程

由波形图 2-16 可见，u_2 一周期内，两组整流二极管轮流导通产生的单方向电流 i_1 和 i_2 叠加形成了 i_o。于是负载得到全波脉动直流电压 u_o。

三、单相桥式整流电路的技术指标

整流电路的技术指标包括整流电路的工作性能指标和整流二极管的性能指标。整流电路的工作性能指标有输出电压 U_o 和脉动系数 S。二极管的性能指标有流过二极管的平均电流 I_D 和管子所承受的最大反向电压 U_{RM}。下面来分析桥式整流电路的技术指标。

1．输出电压的平均值 U_o

$$U_o = \frac{1}{\pi} \int_0^\pi \sqrt{2} U_2 \sin\omega t \, \mathrm{d}\omega t = \frac{2\sqrt{2}}{\pi} U_2 = 0.9 U_2 \qquad （2\text{-}1）$$

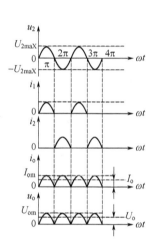

图 2-16　单相桥式整流电路工作波形图

输出电流为

$$I_o = \frac{0.9 U_2}{R_L} \qquad\qquad （2\text{-}2）$$

2．脉动系数 S

整流输出电压波形中包含有若干偶次谐波分量，称为纹波，它们叠加在直流分量上。我们把最低次谐波幅值与输出电压平均值之比定义为脉动系数 S。全波整流电压的脉动系数约为 0.67，故要用滤波电路滤除 u_o 中的纹波电压。

3．流过二极管的正向平均电压 I_D

在桥式整流电路中，二极管 VD$_1$、VD$_3$ 和 VD$_2$、VD$_4$ 是两两轮流导通的，所以流经每个二极管的平均电流为

$$I_D = \frac{1}{2} I_o = \frac{0.45 U_2}{R_L} \qquad\qquad （2\text{-}3）$$

4．二极管承受的最大反向电压 U_{RM}

在 u_2 正半周时，VD$_1$、VD$_3$ 导通，VD$_2$、VD$_4$ 截止。此时 VD$_2$、VD$_4$ 所承受的最大反向电压均为 u_2 的最大值，即

$$U_{RM} = \sqrt{2} U_2 \qquad\qquad （2\text{-}4）$$

同理，在 u_2 的负半周 VD$_1$、VD$_3$ 也承受同样大小的反向电压。

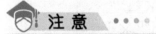

桥式整流电路的优点是输出电压高，纹波电压较小，管子所承受的最大反向电压较低，同时因电源变压器在正、负半周内都有电流供给负载，电源变压器得到充分的利用，效率较高。因此，这种电路在半导体整流电路中得到了广泛的应用。

注意 ● ● ● ●

在实际应用中经常用到的全桥整流堆是将 4 只整流二极管集中制作成一体，其外形和内部电路如图 2-17 所示。通过全桥整流堆代替 4 只整流二极管与电源变压器连接，就可以直接连接成单相桥式整流电路。

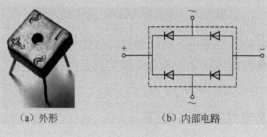

（a）外形　　　　　　　　（b）内部电路

图 2-17　全桥整流堆

知识拓展

常见整流电路

表 2-2 给出了常见的几种整流电路的电路图、整流电压的波形及计算公式。

表 2-2　常见的几种整流电路

类型	电　路	整流电压的波形	整流电压 平均值 U_0	每管电流 平均值 I_D	每管承受最高 反压 U_{RM}
单相 半波			$0.45U_2$	I_0	$\sqrt{2}U_2$
单相 全波			$0.9\,U_2$	$\dfrac{1}{2}I_0$	$2\sqrt{2}U_2$
单相 桥式			$0.9\,U_2$	$\dfrac{1}{2}I_0$	$\sqrt{2}U_2$
三相 半波			$1.17\,U_2$	$\dfrac{1}{3}I_0$	$\sqrt{3}\sqrt{2}U_2$
三相 桥式			$2.34\,U_2$	$\dfrac{1}{3}I_0$	$\sqrt{3}\sqrt{2}U_2$

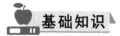

学习任务 3 滤波、稳压电路的认识

基础知识

一、滤波电路的认识

滤波电路的作用是滤除整流电压中的纹波。常用的滤波电路有电容滤波、电感滤波、复式滤波等电路。这里仅讨论电容滤波和电感滤波。

1. 电容滤波电路

如图 2-18（a）所示，电容滤波电路是最简单的滤波器，它是在整流电路的负载前并联一个带有正、负极性的大容量电容器构成，其滤波原理如下。

如图 2-18（b）所示为桥式整流的波形，电容滤波是利用电容隔直通交的特点，通过电容器的充电、放电来滤掉交流分量的，充放电快慢由充放电时间常数 τ 表示，即

$$\tau = RC \tag{2-5}$$

（1）当 $u_2 > 0$ 时，VD_1、VD_3 导通，VD_2、VD_4 截止，电源在向 R_L 供电的同时，又向 C 充电储能，由于充电时间常数 τ_1 很小（绕组电阻和二极管的正向电阻都很小），充电很快，输出电压 u_o 随 u_2 上升。

（2）当 $u_C = \sqrt{2}U_2$ 后，u_2 开始下降，$u_2 < u_C$，$t_1 \sim t_2$ 时段内，$VD_1 \sim VD_4$ 全部反偏截止，由电容 C 向 R_L 放电，由于放电时间常数 τ_2 较大，放电较慢，输出电压 u_o 随 u_C 按指数规律缓慢下降，如图 2-18（b）中的 ab 实线段。

（3）b 点以后，负半周电压 $u_2 > u_C$，VD_1、VD_3 截止，VD_2、VD_4 导通，C 又被充电至 c 点，充电过程形成 $u_o = u_2$ 的波形为 bc 实线段。

（4）c 点以后，$u_2 < u_C$，$VD_1 \sim VD_4$ 又截止，C 又放电，如此不断的充电、放电。

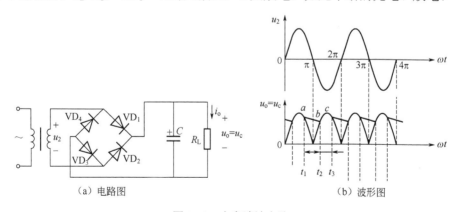

（a）电路图　　　　　　　　　　　　　　（b）波形图

图 2-18　电容滤波电路

由波形可见，桥式整流电路接电容滤波后，输出电压的脉动程度大为减小。

🎓 **注意** ● ● ● ●

由上讨论可见，输出电压平均值 U_o 的大小与 τ_1、τ_2 的大小有关，τ_1 越小，τ_2 越大，U_o 也就越大。当电路开路（不带负载）时，τ_2 无穷大，电容 C 无放电回路，U_o 达到最大，即 $U_o = \sqrt{2}U_2$；若 R_L 很小时，输出电压几乎与无滤波时相同。因此，电容滤波器输出电压在 $0.9U_2 \sim \sqrt{2}U_2$ 范围内波动，在工程上一般采用经验公式估算其大小，R_L 越小，输出平均电压越低，因此输出平均电压可按下述工程估算取值

$$\left.\begin{array}{l} U_o = U_2 \text{（半波）} \\ U_o = 1.2U_2 \text{（全波）} \end{array}\right\} \tag{2-6}$$

为了达到式（2-6）的取值关系，获得比较平直的输出电压，一般要求 $R_L \geqslant (5 \sim 10)\dfrac{1}{\omega C}$，即

$$R_L C \geqslant (3 \sim 5)\frac{1}{T} \tag{2-7}$$

式中，T 为电源交流电压的周期。

电容滤波电路结构简单，输出电压较高，脉动较小，但电路的带负载能力不强，因此电容滤波电路通常适合在小电流且变动不大的电子设备中使用。

2．电感滤波电路

在桥式整流电路和负载电阻间串入一个电感器 L，如图 2-19 所示。利用电感的储能作用可以减小输出电压的纹波，从而得到比较平滑的直流。当忽略电感器 L 的电阻时，负载上输出的平均电压和纯电阻（不加电感）负载相同，即

$$U_o = 0.9U_2 \tag{2-8}$$

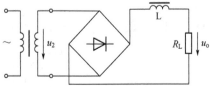

图 2-19　桥式整流电感滤波

电感滤波电路的特点是，整流管的导电角较大（电感 L 的反电势使整流管导电角增大），峰值电流很小，输出特性比较平坦。其缺点是由于铁芯的存在，笨重、体积大，易引起电磁干扰，一般只适用于大电流的场合。

3．复式滤波器

在滤波电容 C 之前加一个电感 L 构成了 LC 滤波电路，如图 2-20（a）所示。这样可使输出至负载 R_L 上的电压的交流成分进一步降低。该电路适用于高频或负载电流较大并要求脉动很小的电子设备中。

为了进一步提高整流输出电压的平滑性，可以在 LC 滤波电路之前再并联一个滤波电容 C_1，如图 2-20（b）所示。这就构成了 πLC 型滤波电路。

由于带有铁芯的电感线圈体积大，价格也高，因此常用电阻 R 来代替电感 L 构成 πRC 滤

波电路，如图 2-20（c）所示。只要适当选择 R 和 C_2 参数，在负载两端可以获得脉动极小的直流电压。πRC 型滤波器在小功率电子设备中被广泛采用。

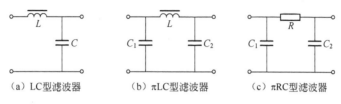

（a）LC型滤波器　　　（b）πLC型滤波器　　　（c）πRC型滤波器

图 2-20　复式滤波电路

二、稳压电路的认识

1. 稳压电路概述

交流电经过整流、滤波后转换为较为平滑的直流电，但由于电网电压或负载的变动，使输出的平滑直流电也随之变动。

为适用于精密设备和自动化控制系统等，有必要在整流、滤波后再加入稳压电路，以确保当电网电压发生波动或负载发生变化时，输出电压不受影响，这就是稳压的概念。

完成稳压作用的电路称为稳压电路或稳压器。

2. 稳压二极管稳压电路

稳压二极管稳压电路是最简单的一种稳压电路。这种电路主要用于对稳压要求不高的场合，有时也作为基准电压源。

图 2-21 就是稳压二极管稳压电路，又称并联型稳压电路，因其稳压二极管 VZ 与负载电阻 R_L 并联而得名。

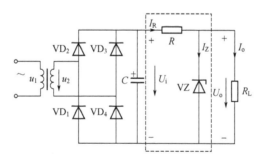

图 2-21　稳压二极管稳压电路

引起电压不稳定的原因是交流电源电压的波动和负载电流的变化。而稳压二极管能够稳压的原理在于稳压管具有很强的电流控制能力。

稳压二极管稳压电路稳压过程分析如下。

（1）当保持 R_L 不变，U_i 因交流电源电压增加而增加时，负载电压 U_o 也要增加，稳压二极管的电流 I_Z 急剧增大，因此电阻 R 上的压降急剧增加，以抵偿 U_i 的增加，从而使负载电压 U_o 保持近似不变。相反，U_i 因交流电源电压降低而降低时，稳压过程与上述过程相反。

（2）如果保持电源电压不变，负载电流 I_o 增大时，电阻 R 上的压降也增大，负载电压 U_o 因而下降，稳压二极管电流 I_Z 急剧减小，从而补偿了 I_o 的增加，使得通过电阻 R 的电流和电阻上的压降保持近似不变，因此负载电压 U_o 也就近似稳定不变。当负载电流减小时，稳压过程相反。

选择稳压二极管时，一般取：

$$\left.\begin{array}{l} U_z = U_o \\ I_{Z\max} = (1.5\sim3)I_{o\max} \\ U_i = (2\sim3)U_o \end{array}\right\} \qquad (2\text{-}9)$$

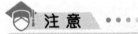 **注 意** ●●●●

（1）在实际使用中，若使用一个稳压二极管的稳压值达不到要求时，可以采用两个或两个以上的稳压二极管串联使用。

（2）稳压二极管在使用时一定要串入限流电阻，不能使它的功耗超过规定值，否则会造成损坏。

知识拓展

集成稳压电路

在集成电路广泛使用的今天，多采用集成稳压器，其中又分为固定输出式三端稳压器和可调式三端集成稳压器。

1. 固定输出式三端集成稳压器

固定输出式三端集成稳压器有三个引出端，即接电源的输入端 UI、接负载的输出端 UO 和公共接地端 GND，其电路符号和外形如图 2-22 所示。

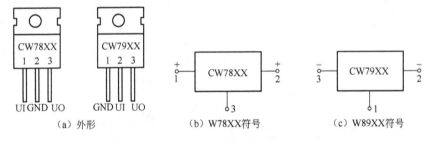

图 2-22　固定输出式三端集成稳压器

常用的固定输出式三端集成稳压器有 CW78×× 和 CW79×× 两个系列，78 系列为正电压输出，79 系列为负电压输出，其电路如图 2-23 所示。

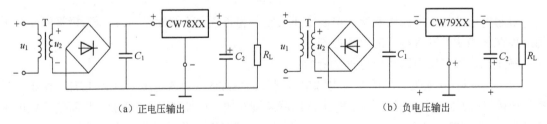

图 2-23　固定输出式集成稳压电路

固定输出式三端集成稳压器型号由五个部分组成，其意义如下：

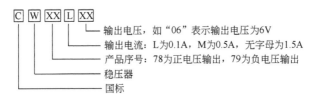

输出电压，如"06"表示输出电压为6V
输出电流：L为0.1A，M为0.5A，无字母为1.5A
产品序号：78为正电压输出，79为负电压输出
稳压器
国标

2．可调式三端集成稳压器

可调式三端集成稳压器不仅输出电压可调节，而且稳压性能要优于固定式，被称为第二代三端集成稳压器。可调式三端集成稳压器也有正电压输出和负电压输出两个系列：CW117×/CW217×/CW317×系列为正电压输出，CW137×/CW237×/CW337×系列为负电压输出，其外形和引脚排列如图 2-24 所示。

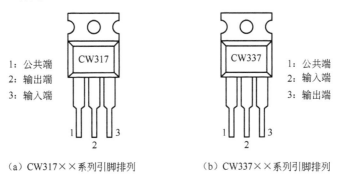

1：公共端
2：输出端
3：输入端

1：公共端
2：输入端
3：输出端

（a）CW317××系列引脚排列　　　　（b）CW337××系列引脚排列

图 2-24　可调式三端集成稳压器外形和引脚排列

可调式集成稳压电路如图 2-25 所示。图 2-25 中，电位器 R_P 和电阻 R_1 组成取样电阻分压器，接稳压电源的调整端（公共端）引脚 1，改变 R_P 可调节输出电压 U_o 的高低，即

$$U_o \approx 1.25 \times \left(1 + \frac{R_P}{R_1}\right)$$

U_o 可在 1.25～37V 范围内连续可调。在输入端并联电容 C_1 可旁路整流电路输出的高频干扰信号；电容 C_2 可以消除 R_P 上的纹波电压，使取样电压稳定；电容 C_3 起消振作用。

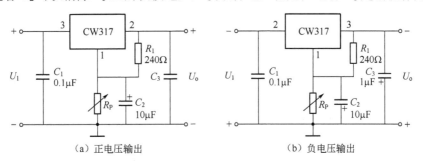

（a）正电压输出　　　　　　　　（b）负电压输出

图 2-25　可调式集成稳压电路

可调式三端集成稳压器型号也由五个部分组成，其意义如下：

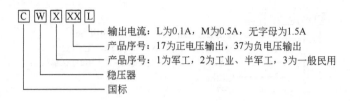

输出电流: L为0.1A, M为0.5A, 无字母为1.5A
产品序号: 17为正电压输出, 37为负电压输出
产品序号: 1为军工, 2为工业、半军工, 3为一般民用
稳压器
国标

学习任务4 直流稳压电路的安装与调试

一、原理分析

直流稳压电源电路如图 2-26 所示。

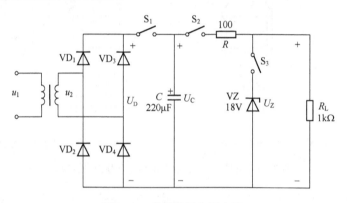

图 2-26 直流稳压电源电路

直流稳压电源是一种将 220V 交流电转换成稳压输出的直流电的装置，它需要变压、整流、滤波、稳压 4 个环节才能完成，如图 2-27 所示。

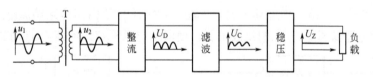

图 2-27 直流稳压电源工作过程方框图

（1）电源变压器：是降压变压器，它将电网 220V 交流电压变换成符合需要的交流电压，并送给整流电路，变压器的变比由变压器的二次电压确定。

（2）整流电路：利用单向导电二极管 $VD_1 \sim VD_4$，把 50Hz 的正弦交流电变换成脉动的直流电。

（3）滤波电路：通过滤波电容 C，可以将整流电路输出电压中的交流成分大部分加以滤除，从而得到比较平滑的直流电压。

（4）稳压电路：这里使用的是稳压二极管 VZ，稳压电路的功能是使输出的直流电压稳定，不随交流电网电压和负载的变化而变化。

二、电路安装

安装之前请不要急于动手，应先查阅相关的技术资料及说明，然后对照原理图，了解印制电路板、元器件清单，并分清各元器件，了解各元器件的特点、作用、功能，同时核对元器件数量。

直流稳压电源元器件清单见表 2-3。

表 2-3 直流稳压电源元器件清单

序 号	配件符号	名 称	规格型号	数量（只）
1	$VD_1 \sim VD_4$	二极管	1N4007	4
2	R	电阻	100	1
3	R_L	电阻	1kΩ	1
4	C	电解电容	220μF	1
5	VZ	稳压二极管	2CW18	1
6		变压器	AC 220V 转 18V	1
7	$S_1 \sim S_3$	开关		3
8		其余配件		若干

正确插入元器件，按照从低到高、从小到大的顺序安装，极性要符合规定。对于手工安装，元器件应分批安装，如此产品应按电阻→二极管→电容→接线座的顺序安装。

三、通电调试

1. 通电前自检

（1）仔细检查已完成的装配是否准确——包括组件位置、极性组件的极性、引脚之间有无短路、连接处有无接触不良等。

（2）焊接是否可靠——无虚焊、漏焊及搭锡，无空隙、毛刺等。

（3）连线是否正确——无错线、少线和多线。

（4）电源端对地是否存在短路——在通电前，断开一根电源线，用万用表检查电源端对地是否存在短路。

2. 通电调试

具体可参见工作页。

直流稳压电源布线图如图 2-28 所示。直流稳压电源安装实物如图 2-29 所示。

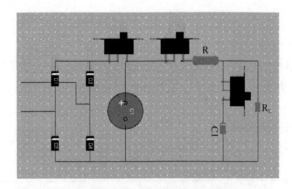

图 2-28　直流稳压电源布线图

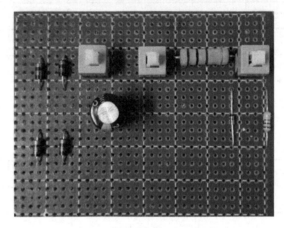

图 2-29　直流稳压电源安装实物

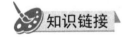 知识链接

Multisim 软件简介

一、Multisim 软件概述

随着计算机技术的飞速发展，电子电路的分析与设计方法发生了很大的变化，一大批优秀的电子设计自动化（EDA）软件的出现，改变了传统的电路设计方法。熟练掌握电路仿真软件的使用已成为当今电子电路分析和设计人员所必须具备的基本技能之一。而且 EDA 技术已经成为当前学习电工电子技术的重要辅助手段。

Multisim 软件是电子线路仿真软件中表现最为出色的软件之一，有了 Multisim 软件就相当于拥有了一个设备齐全的实验室，可以很方便地从事电路设计、仿真和分析工作，本书大部分电路均可通过 Multisim 软件进行绘制仿真。

二、Multisim 软件基本界面

以 Multisim 10 软件为例介绍。

1. 主窗口

单击"开始"→"所有程序"→"National Instrument"→"Circuit Design Suit 10.0"→"Multisim",启动 Multisim 10 软件,可以看到如图 2-30 所示的主窗口。

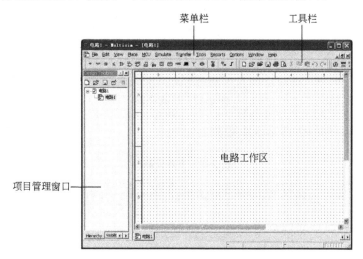

图 2-30　Multisim 10 软件的主窗口

2. 菜单栏

Multisim 10 软件的菜单共有 12 项,如图 2-31 所示。

File　Edit　View　Place　MCU　Simulate　Transfer　Tools　Reports　Options　Window　Help

图 2-31　Multisim 10 软件菜单栏

（1）File（文件）菜单。

（2）Edit（编辑）菜单。

（3）View（视图）菜单。

（4）Place（放置）菜单。

（5）MCU。

（6）Simulate（仿真）菜单。

（7）Transfer（文件输出）菜单。

（8）Tools（工具）菜单。

（9）Reports（报告）菜单。

（10）Options（选项）菜单。

（11）Window（窗口）菜单。

（12）Help（帮助）菜单。

三、创建一简单电路并仿真

1. 创建电路

本节需要创建的电路如图 2-32 所示。

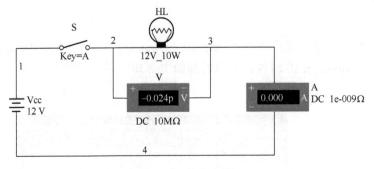

图 2-32　仿真电路

以上仿真电路用到的仿真元器件见表 2-4。

表 2-4　仿真元器件

序　号	名　　称	符　　号	Group（元器件组）	Family（元器件系列）	Component（具体元器件）
1	开关	S	Basic	SWITCH	DIPSW1
2	电灯泡	HL	Indicators	LAMP	12V_10W
3	12V 直流电源	Vcc	Sources	POWER_SOURCES	DC_POWER
4	直流电流表	A	Indicators	AMMETER	AMMETER_H
5	直流电压表	V	Indicators	VOLTMETER	VOLTMETER_H

创建电路的具体操作步骤如下。

1）新建空白电路图文件

单击工具栏中的 □ 按钮或者执行菜单命令"File"→"New"→"Schematic Capture"项。

2）放置元器件和仪器仪表

（1）放置开关。

① 单击元器件工具栏中的 ∿ 按钮或者使用快捷组合键 Ctrl+W，调出放置元器件对话框。

② 在弹出的对话框中的 Database（元器件库）栏中选择 Master Database（主元器件库），在 Group（元器件组）栏中选择 Basic，在 Family（元器件系列）栏中选择 SWITCH，在 Component（具体元器件）栏中选择 DIPSW1，如图 2-33 所示。

③ 单击"OK"按钮，放置该元器件。

（2）放置电灯泡。

① 单击元器件工具栏中的 国 按钮或者使用快捷组合键 Ctrl+W，调出放置元器件对话框。

② 在弹出的对话框中的 Database（元器件库）栏中选择 Master Database（主元器件库），在 Group（元器件组）栏中选择 Indicators，在 Family（元器件系列）栏中选择 LAMP，在 Component（具体元器件）栏中选择 12V_10W。

③ 单击"OK"按钮，放置该元器件。

（3）放置电源。

① 单击元器件工具栏中的 + 按钮或者使用快捷组合键 Ctrl+W，调出放置元器件对话框。

② 在弹出的对话框中的 Database（元器件库）栏中选择 Master Database（主元器件库），在 Group（元器件组）栏中选择 Sources，在 Family（元器件系列）栏中选择 POWER_SOURCES，

在 Component（具体元器件）栏中选择 DC_POWER。

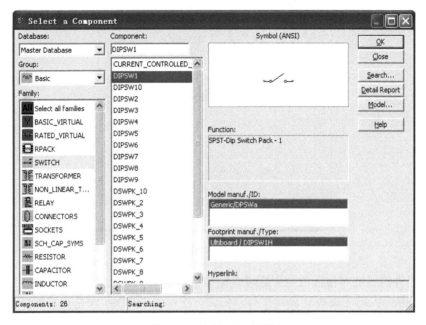

图 2-33 放置开关对话框

③ 单击"OK"按钮，放置该元器件。

（4）放置电压表。

① 单击元器件工具栏中的 回 按钮或者使用快捷组合键 Ctrl+W，调出放置元器件对话框。

② 在弹出的对话框中的 Database（元器件库）栏中选择 Master Database（主元器件库），在 Group（元器件组）栏中选择 Indicators，在 Family（元器件系列）栏中选择 VOLTMETER，在 Component（具体元器件）栏中选择 VOLTMETER_H（默认是直流电压表）。

③ 单击"OK"按钮，放置该元器件。

（5）放置电流表。

① 单击元器件工具栏中的 回 按钮或者使用快捷组合键 Ctrl+W，调出放置元器件对话框。

② 在弹出的对话框中的 Database（元器件库）栏中选择 Master Database（主元器件库），在 Group（元器件组）栏中选择 Indicators，在 Family（元器件系列）栏中选择 AMMETER，在 Component（具体元器件）栏中选择 AMMETER_H（默认是直流电流表）。

③ 单击"OK"按钮，放置该元器件。

电流表的旋转可以右键单击该元器件，在弹出的快捷菜单中单击"90Clockwise"（顺时针旋转 90°）或"90CounterCW"（逆时针旋转 90°）项。

3）元器件参数的编辑

放置好所需要的元器件后，有些元器件的参数要按图要求重新设定，如元器件标号跟图 2-32 仿真电路不符，就要修改元器件的参数。右击该元器件，从弹出的快捷菜单中选择 Propties 或者双击该元器件即可弹出元器件的属性对话框，如图 2-34 所示。修改对话框中的选项即可设定相应的参数。

图 2-34　元器件的属性对话框

（1）元器件的属性对话框的主要选项介绍如下。

标号（Label）：用于修改元器件序号、标识。图中的 RefDes 项是元器件序号，是系统自动分配的。必要时也可以修改，Label 是标号项，可以随意设置。

显示（Display）：该选项主要是设置显示内容，包括显示标号、数值、属性、参考 ID 编号等，用户可根据需要选择显示的内容。

数值（Value）：用于设定元器件参数值，在 Voltage 选项后输入数值再选择需要的单位。

（2）按仿真电路图设置元器件参数

修改电源：在电源元器件上单击右键，在弹出的快捷菜单中选择 Propties 或者双击该元器件即可弹出元器件的属性对话框。选择"Label"选项，修改其中的"RefDes"项为 Vcc；选择"Value"选项，修改其中"Voltage（V）"项的参数为 12V。

按同样的方法修改开关、电灯泡、电压表和电流表。

4）元器件布局

选出所需元器件后，要对其进行布局，元器件分布建议参考仿真电路图 2-32。元器件布局主要包括以下基本操作。

（2）删除：单击该元器件，按键盘上的"Delete"键；或者右击该元器件，在弹出的快捷菜单中选择"Delete"项，进行删除操作。

（2）移动：单击该元器件，按住鼠标不放，将该元器件拖到合适的位置，然后松开鼠标。

（3）复制：单击 Edit（编辑）菜单，在弹出的子菜单中选择"copy"项；或者用快捷组合键 Ctrl+C。

（4）粘贴：单击 Edit（编辑）菜单，在弹出的子菜单中选择"Paste"项；或者用快捷组合键 Ctrl+V。

（5）剪贴：单击 Edit（编辑）菜单，在弹出的子菜单中选择"Cut"项；或者用快捷组合键 Ctrl+X。

（6）旋转

旋转 90°：右击该元器件，在弹出的快捷菜单中单击"90Clockwise"（顺时针旋转 90°）或"90CounterCW"（逆时针旋转 90°）项。

水平和垂直方向的旋转：右击该元器件，在弹出的快捷菜单中单击"Flip Horizontal"（水平翻转）或"Flip Vertical"（垂直翻转）项。

（7）替换：双击元器件，打开元器件属性对话框，单击左下方的"Replace"项，在弹出的窗口中选择所需的元器件即可。

（8）修改元器件标号：双击元器件，打开元器件属性对话框，选择"Label"标签页，修改标号。

5）电路连接

（1）导线的连接：只需选择好起始引脚和终止引脚，系统会自动在两个引脚间连线，而且会避开通过元器件。导线的连接只能从引脚或节点开始。

（2）连线的删除：可右击该连线，在弹出的菜单中单击"Delete"项，或者选中该连线并按下键盘上的 Delete 键。

（3）连线的修改：选中目标连线并将鼠标移至该连线上，鼠标指针会变为上下双箭头模式，此时通过上下移动鼠标可将连线上下平移，左右方向操作同理。

（4）导线颜色的修改：导线的颜色有七种，可以为复杂电路的导线加上不同的颜色，有利于电路图形的识别。首先将鼠标指向该导线，然后单击右键，在弹出的菜单中选择"change color…"项，在弹出的对话框中选择设置的颜色即可。

6）保存电路

操作方法：单击工具栏中的 🖪 按钮或者执行菜单命令"File"→"save"→选择文件保存的路径→输入文件名"仿真例子"，默认扩展名为"*.ms10"→单击"保存"按钮。

2．通电仿真

仿真电路的创建好后就要进行仿真实验，仿真相关的控制操作有 Run（开始仿真）、Pause（暂停仿真）和 Stop（取消仿真）。可以通过单击 Simulate（仿真）菜单，从弹出的子菜单中选择相关的操作；或者单击仿真工具栏中的 ▷（开始仿真）、⏸（暂停仿真）和 ■（取消仿真）按钮执行相应的操作。

如图 2-35 所示，完成直流稳压电源的电路绘制及仿真。

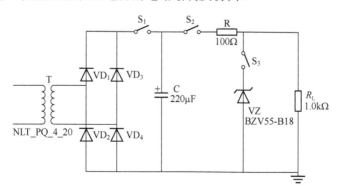

图 2-35　直流稳压电源电路

项目总结

1. 将一个 PN 结从 P 区和 N 区各引出一个电极，并用玻璃或塑料制造的外壳封装起来，就制成一个二极管。二极管本身就是一个 PN 结，具有单向导电性。

2. 在实际应用中，常用万用表电阻挡对二极管进行极性判别及性能检测。正常的二极管测得的正、反向电阻应相差很大。例如，正向电阻一般为几百欧至几千欧，而反向电阻一般为几十千欧至几百千欧。

3. 利用二极管的单向导电性，将正弦交流电转换成脉动直流电，就称为整流。

4. 滤波电路的作用是滤除整流电压中的纹波。常用的滤波电路有电容滤波、电感滤波、复式滤波及有源滤波。

5. 交流电经过整流、滤波后转换成较为平滑的直流电，但由于电网电压或负载的变动，使输出的平滑直流电也随之变动。为适用于精密设备和自动化控制等，有必要在整流、滤波后再加入稳压电路，以确保当电网电压发生波动或负载发生变化时，输出电压不受影响。

6. 直流稳压电源是一种将 220V 交流电转换成稳压输出的直流电的装置，它需要变压、整流、滤波、稳压四个环节才能完成。

7. 验证电路，可以先通过仿真软件 Multisim 对目标电路进行创建和仿真，参数达到理想值之后可以投入实际的电路制作中，以减少实验的损耗及开支。

练习与思考

一、填空题

1. _____的导电性能介于导体与绝缘体之间。

2. 半导体的特性有_____、_____、_____。

3. 二极管的基本特性是_____。

4. 硅二极管的死区电压约为_____V，导通电压约为_____V；锗二极管的死区电压约为_____V，导通电压约为_____V。

5. PN 结正向偏置，简称为_____，是指将电源正极与 PN 结的_____极相连，电源负极与 PN 结_____极相连，此时 PN 结呈_____状态。

6. PN 结反向偏置，简称为_____，是指将电源正极与 PN 结的_____极相连，电源负极与 PN 结_____极相连，此时 PN 结呈_____状态。

7. 用万用表测量小功率二极管的正、反向电阻时，一般用_____和_____这两挡。

8. 稳压二极管是用特殊工艺制造的硅二极管，工作在二极管伏安特性曲线的_____区域，使用它时正极应接电源_____极，负极应接电源_____极。

9. _____是将光信号转换为电信号的常用元器件。

10. 将_____变换为_____称为整流。

11. 根据整流电路的形式，整流电路可以分为_____、_____和_____整流电路。

12. 滤波电路的作用是滤除整流电压中的_____。

13. 常用的滤波电路有_____、_____、复式滤波电路等几种类型。

14. 电容滤波是利用电容的_____特点进行滤波。

15．电容滤波适用于_____场合。

16．电感滤波适用于_____场合。

17．稳压的作用是确保当_____发生波动或_____发生变化时，输出电压不受影响。

18．固定输出式三端集成稳压器有三个引出端，即_____端、_____端和_____端。

19．可调式三端集成稳压器不仅输出电压_____，而且_____。

20．CW79XX 系列集成稳压器为_____电压输出。

二、选择题

1．在金属导体中，（　　）作为唯一的一种载体（又称载流子）携带着电荷移动形成电流。

    A．自由电子　　　　　　　　B．空穴　　　　　　　　C．自由电子和空穴

2．N 型半导体主要依靠（　　）导电。

    A．电子　　　　　　　　　　B．空穴　　　　　　　　C．电子和空穴

3．二极管内部是由（　　）所组成的。

    A．一个 PN 结　　　　　　　B．两个 PN 结　　　　　C．三个 PN 结

4．电路图中稳压二极管用文字符号（　　）表示。

    A．VD　　　　　　　　　　　B．VT　　　　　　　　　C．VZ

5．二极管的正极电位为-20V，负极电位为-10V，则二极管处于（　　）。

    A．正偏　　　　　　　　　　B．反偏　　　　　　　　C．不稳定

6．用万用表 $R×1k\Omega$ 电阻挡测得某二极管的电阻约为 600Ω，则与红表棒相接的为（　　）。

    A．二极管的正极　　　　　　B．二极管的负极　　　　C．二极管的中间

7．用万用表 $R×100\Omega$ 挡来测试二极管，其中（　　）说明管子是好的。

    A．正、反向电阻都为 0

    B．正、反向电阻都为无穷大

    C．正向电阻为几百欧，反向电阻为几百千欧

8．由于稳压二极管是工作在反向击穿状态，因此将它接到电路中时，应该（　　）。

    A．正接　　　　　　　　　　B．反接　　　　　　　　C．串接

9．在整流电路中起到整流作用的元器件是（　　）。

    A．电阻　　　　　　　　　　B．电容　　　　　　　　C．二极管

10．交流电通过单相整流电路后，得到的输出电压是（　　）。

    A．交流电压　　　　　　　　B．脉动直流电压　　　　C．恒定直流电压

11．在任何时刻，单相桥式整流电路的正极和负极各有（　　）个二极管导通。

    A．1　　　　　　　　　　　　B．2　　　　　　　　　　C．4

12．正弦电流经过二极管整流后的波形为（　　）。

    A．矩形方波　　　　　　　　B．等腰三角波　　　　　C．正弦半波

13．单相桥式整流电路中，要输出的直流电压极性和原来相反，可通过（　　）实现。

    A．改变变压器二次侧首尾端

    B．改变负载电阻

    C．改变电桥所有二极管的方向

14．整流电路后加滤波电路的作用是（　　）。

    A．提高输出电压　　　　　　　　　　　B．降低输出电压

C．限制输出电流　　　　　　　　　　　D．减小输出电压的脉动程度

15．（　　）是最简单的滤波电路。

    A．电容滤波　　　　　　B．电感滤波　　　　　C．复式滤波

16．滤波电路中，滤波电容和负载（　　），滤波电感和负载（　　）。

    A．串联　　　　　　　　B．并联　　　　　　　C．混联

17．有一单相半波整流电路的变压器二次侧电压有效值为 20V，负载上的直流电压应是
（　　）。

    A．20V　　　　　　　　B．18V　　　　　　　C．9V

18．在单相桥式整流电路中，若要保证输出电压为 45V，变压器二次侧电压有效值应为
（　　）。

    A．50V　　　　　　　　B．100V　　　　　　　C．37.5V

19．带电容滤波的单相桥式整流电路中，如果电源变压器二次电压有效值为 100V，则负
载直流电压为（　　）。

    A．100V　　　　　　　B．120V

    C．90V　　　　　　　　D．150V

图 2-36　选择
题 20 附图

20．波形如图 2-36 所示，是（　　）电路产生的。

    A．单相桥式　　　　　　B．单相半波　　　　　C．滤波

三、判断题

1．二极管是根据 PN 结单向导电特性制成的，因此二极管也具有单向的导电性。（　　）

2．当二极管加上反偏电压不超过反向击穿电压时，二极管只有很小的反向电流通过。
（　　）

3．二极管正向导通后，正向管压降几乎不随电流变化。（　　）

4．二极管只要加正向电压就一定导通。（　　）

5．二极管只要工作在反向击穿区，一定会被击穿。（　　）

6．半导体二极管一旦反向击穿，它就一定损坏。（　　）

7．用万用表测得二极管的电阻很小，则红表笔相接的电极是二极管的负极，与黑表笔相
接的电极是二极管的正极。（　　）

8．用万用表不同电阻挡测量二极管的正向电阻，读数都一样。（　　）

9．若测得二极管的正、反向电阻值相近，表示二极管已坏。（　　）

10．由于发光二极管的管压降比普通二极管大，约为 2V，因此电源电压必须大于管压降，
同时，电源的极性必须使发光二极管正向导通，发光二极管才能正常工作。（　　）

11．交流电经过整流后，电流方向不再改变了，但大小（数量）是变化的。（　　）

12．滤波电路中，滤波电感和负载并联。（　　）

13．整流电路接入电容滤波后，输出直流电压下降了。（　　）

14．单相整流电容滤波中，电容容量越大滤波效果越好。（　　）

15．使用稳压二极管的稳压电路，稳压二极管可以不用串联限流电阻。（　　）

四、综合题

1．试述二极管的结构、符号及特性。

2．判别如图 2-37 所示电路中二极管的工作状态。

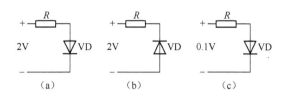

图 2-37 综合题 2 附图

3.试确定如图 2-38 所示的硅二极管两端的电压值。

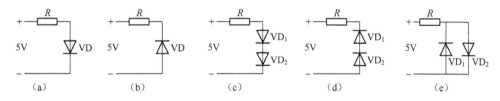

图 2-38 综合题 3 附图

4. 完成如图 2-39 所示的单相桥式整流电路。

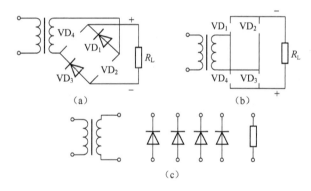

图 2-39 综合题 4 附图

5. 指出如图 2-40 所示的桥式整流电路中，哪一只二极管接反了。画出正确电路图，并说明该电路会发生什么故障。

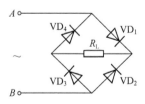

图 2-40 综合题 5 附图

6. 画出一个单向硅稳压管的稳压电路。（元器件：一只变压器，4 个二极管，一个电解电容，一个限流电阻，一个稳压二极管，一个负载电阻。）

项目 **3** 流水灯电路的安装与调试

项目介绍

在现代社会中，彩灯已成为不可或缺的装饰物，随着电子技术的发展，尤其是电子技术的突飞猛进，多功能流水灯凭着简易、高效、稳定等特点得到普遍应用。

本项目要求安装与调试的流水灯电路如图 3-1 所示，属于简易流水灯，可以起到彩灯闪烁的效果。

图 3-1　常见流水灯

学习目标

1. 会使用万用表识别及检测三极管等常用电子元器件。
2. 会使用焊接工具安装流水灯电路。
3. 会使用万用表、示波器等常用仪器仪表检测电路，完成电路调试。
4. 能说出放大电路的基本工作原理。
5. 能设计简单流水灯电路。
6. 能撰写学习记录及小结。

建议课时：16 课时

学习活动建议

1. 教师根据"工作页"提前准备学习资源（包括学习资料、工具、材料、仪表等）。
2. 学生根据"工作页"指引，通过查阅"相关知识"等资料完成学习。
3. 学生及教师根据评价材料完成项目学习评价。

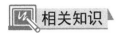

相关知识

学习任务 1 三极管的认识与检测

基础知识

半导体三极管又称晶体三极管，它在工作时半导体中的电子和空穴两种载流子都起作用，属于双极型器件，也称为 BJT（Bipolar Junction Transistor，双极结型晶体管）。

一、三极管结构、图形符号以及分类

1. 三极管的结构与符号

三极管具有三层结构，它的中间层称为基区，基区的两侧分别称为发射区和集电区，三极管的发射区和集电区是同类型的半导体，所以三极管有两种半导体类型，如图 3-2 所示。三极管的基区半导体类型与发射区和集电区不同，所以在基区与发射区、基区和集电区之间分别形成两个 PN 结，发射区与基之间的 PN 结称为发射结，而集电区与基之间的 PN 结称为集电结，三个区引出的电极分别称为基极 B（b）、发射极 E（e）和集电极 C（c）。

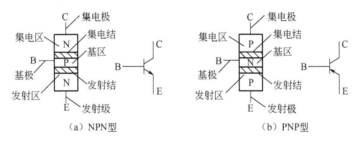

图 3-2 三极管的结构和图形符号

在三极管符号中，发射极的箭头表示发射结加正向电压时电流方向，三极管的文字符号为 VT。

2. 三极管的类型

三极管的分类见表 3-1，其外形如图 3-3 所示。

表 3-1 三极管的分类

分 类 依 据	类 别	备 注
半导体材料	硅管	
	锗管	
工作频率	高频管	工作频率不低于 3MHz
	低频管	工作频率小于 3MHz
功率	小功率管	耗散功率小于 1W
	大功率管	耗散功率不低于 1W

续表

分 类 依 据	类 别	备 注
用途	普通放大三极管	
	开关三极管	

（a）低频三极管

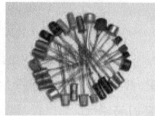

（b）高频三极管

（c）小功率三极管

（d）大功率三极管

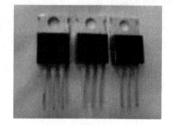

（e）开关三极管

图 3-3　三极管的外形

二、三极管的检测方法

在实际中，常使用万用表电阻挡（$R×100$ 或 $R×1k$ 挡）对三极管进行管型和引脚的判断及其性能估测。

1．判断管型和基极 B

见表 3-2，先将万用表调至电阻挡 $R×100$ 或 $R×1k$ 挡，将红表笔接假定的 B 极，黑表笔分别与另两个电极接触，观测到指针不动（或偏转靠近满偏）时，则假定的基极是正确的。

表 3-2

三极管型号	具 体 操 作	实验现象
PNP 型三极管		指针靠近满偏

续表

三极管型号	具 体 操 作		实验现象
NPN 型三极管	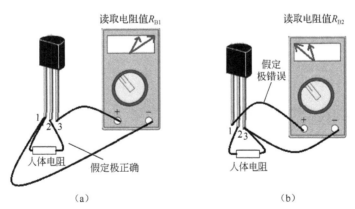		指针不动
			指针靠近满偏
	若将红、黑表笔对调检测，原来不动的指针仍不动（或原来偏转的指针仍靠近满偏）时，则说明该管已经老化（或已被击穿）		

2. 判断集电极 C 和发射极 E

先将万用表调至电阻挡 $R{\times}100$ 或 $R{\times}1k$ 挡，NPN 型三极管测量方法如图 3-4 所示。

（1）将黑表笔接假定的集电极 C，红表笔接假定的发射极 E，在 B 和假定 C 两极间加入人体电阻 R_B，观测万用表指针偏转的大小，并记下数据 R_{B1}。

（2）将假定 C 和 E 对调，观测万用表指针偏转的大小，并记下数据 R_{B2}。

（3）比较 R_{B1} 和 R_{B2} 大小，哪一次数值小（指针偏转大），则该次假定正确，图 3-4（a）假设正确。

读取电阻值 R_{B1} 读取电阻值 R_{B2}

人体电阻   假定极正确   假定极错误   人体电阻

（a）   （b）

图 3-4 NPN 型三极管测量方法

PNP 型三极管测量方法如下。

（1）将红表笔接假定的集电极 C，黑表笔接假定的发射极 E，在 B 和假定 C 两极间加入人体电阻 R_B，观测万用表指针偏转的大小，并记下数据 R_{B1}。

（2）将假定 C 和 E 对调，观测万用表指针偏转的大小，并记下数据 R_{B2}。

（3）比较 R_{B1} 和 R_{B2} 大小，哪一次数值小（指针偏转大），则该次假定正确。

三、三极管的 U-I 特性曲线

三极管的伏安特性曲线能够直观描述各极间电压与各极电流的关系，三极管在电路中有 3 种连接方式：共发射极（简称共射极）、共基极、共集电极，应用最多的是共发射极接法，如图 3-5 所示，即以发射极作为输入、输出信号的公共参考点，输入信号加在基极 b 与发射极 e 之间，输出信号从集电极 c 与发射极 e 之间取得，这里主要研究共射极连接时的伏安特性曲线。

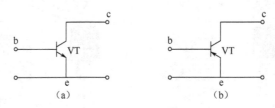

图 3-5　三极管共发射极接法

1. 输入特性

如图 3-6 所示，三极管共射极时的输入特性是指三极管输入回路中，当输出电压 U_{CE} 为某一数值时，加在基极和发射极的电压 U_{BE} 与由它所产生的基极电流 I_B 之间的关系。

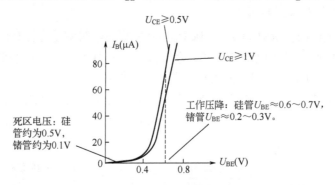

图 3-6　三极管的输入特性曲线

> **注意**
>
> （1）由于三极管的发射结是一个正向偏置的 PN 结，所以三极管的输入特性曲线与二极管的正向特性曲线非常相似。
>
> （2）通常把三极管电流开始明显增加的发射结电压称为导通电压。在室温下，硅管的导通电压约为 $0.6\sim0.7V$，锗管的导通电压约为 $0.2\sim0.3V$。

2. 输出特性（见图 3-7）

如图 3-7 所示，三极管共射极连接时的输出特性曲线是当输入电流 I_B 为某一数值时，集电极电流 I_C 与电压 U_{CE} 之间的关系。由三极管的输出特性曲线可以看出，三极管工作时有 3 个可能的工作区域及其对应的 3 种工作状态，见表 3-3。

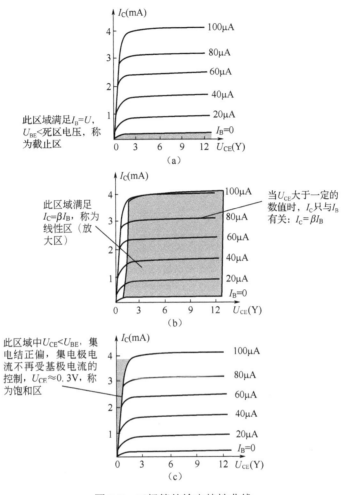

图 3-7 三极管的输出特性曲线

表 3-3 三极管的 3 个工作区和特点

	截止区（截止状态）	放大区（放大状态）	饱和区（饱和状态）
条件	发射结反偏或零偏	发射结正偏且集电结反偏	发射结和集电结都正偏
特点	$I_B=0$、$I_C\approx0$	$\Delta I_C=\beta\Delta I_B$	I_C 不再受 I_B 控制
特性	截止状态的三极管相当于一个断开的开关	电流放大作用	饱和状态的三极管相当于一个闭合的开关

学习任务 2　基本放大电路的认识与检测

基础知识

一、放大电路的概述

1. 放大电路的概念

"放大"是将微弱的电信号（电压或电流）转变为较强的电信号，如图 3-8 所示。

图3-8　放大器"放大"作用示意图

"放大"的实质是用较小的能量去控制较大能量转换的一种能量转换装置，是一种"以弱控强"的作用。

2．放大电路的分类（见表3-4）

表3-4　三极管的分类

分 类 依 据	类 别
三极管的连接方式	共发射极放大器
	共基极放大器
	共集电极放大器
放大信号的形式	交流放大器
	直流放大器
放大器的级数	单级放大器
	多级放大器
放大信号的性质	电流放大器
	电压放大器
	功率放大器

二、3种基本放大电路的比较（见表3-5）

表3-5　三极管3种放大电路的比较

电路名称	原 理 图	放 大 倍 数	电 阻	输入输出相位关系	用 途
共射极电路		具有较大的电压放大倍数（几十到几百）、电流放大倍数和功率放大倍数	输入电阻较小（1kΩ左右）、较大的输出电阻（几十千欧）	反相	应用最广，常用于多级放大电路的输入级、中间级和输出级，低频放大

续表

电路 名称	原　理　图	放　大　倍　数	电　　阻	输入输出 相位关系	用　　途
共集电 极电路		电压放大倍 数接近于1而小 于1,电流放大 倍数较大、功率 放大倍数较小	输入电阻 最大（几百千 欧）、输出电 阻最小（几十 欧）	同相	常用于输入 级、输出级或阻 抗匹配
共基极 电路		具有较大的 电压放大倍数 和功率放大倍 数,电流放大倍 数较小	输入电阻 最小（几十 欧）、输出电 阻最大（几百 千欧）	同相	易使输入信 号严重衰减、且 频宽很大,常用 于高频或宽带 放大、振荡电路 及恒流源电路

三、共射极放大电路

1. 电路的组成及各组成元器件的作用

NPN 型三极管组成的基本共射放大电路如图 3-9 所示。外加的微弱信号 u_i 从基极 b 和发射极 e 输入,经放大后信号 u_o 由集电极 c 和发射极 e 输出;因此,发射极 e 是输入和输出回路的公共端,故称为共射极放大电路。

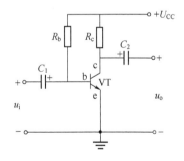

图 3-9　共射极放大电路

如图 3-9 所示的共射极放大电路的各个元器件的作用如表 3-6 所示。

表 3-6　各个元器件的作用

元器件	作　　用
三极管 VT	工作在放大状态,起电流放大作用
电源 U_{CC}	直流电源,其作用一是通过 R_b 和 R_c 为三极管提供工作电压,保证发射结正偏、集电结反偏;二是为电路的放大信号提供能源

续表

元器件	作 用
基极电阻 R_b	使电源 U_{CC} 提供给放大管的基极 b 一个合适的基极电流 I_b（又称基极偏置电流），并向发射结提供所需的正向电压 U_{BE}，以保证三极管工作在放大状态，该电阻又称偏流电阻或偏置电阻
集电极电阻 R_c	使电源 U_{CC} 供给放大管的集电结所需的反向电压 U_{CE}，与发射结的正向电压 U_{BE} 共同作用，使放大管工作在放大状态；另外还使三极管的电流放大作用转换为电路的电压放大作用，该电阻又称集电极负载电阻
耦合电容 C_1 和 C_2	分别为输入耦合电容和输出耦合电容；在电路中起隔直流、通交流的作用，因此又称隔直电容。其能使交流信号顺利通过，同时隔断前后级的直流通路，以避免互相影响各自的工作状态。由于 C_1 和 C_2 的容量较大，在实际中一般选用电解电容器，因此使用时应注意其极性
公共端	放大电路的公共端用 "⏚" 表示，可作为电路的参考点。电源 U_{CC} 改用 $+U_{CC}$ 表示电源正极的电位

2. 共射极放大电路的工作原理

（1）如图 3-10 所示，输入端加正弦波信号 u_i，基射回路产生一个与 u_i 变化规律相同、相位相同的信号电流 i_b，则 $i_B = I_{BQ} + i_b$。

（2）$i_c = \beta i_b$，则 $i_C = I_{CQ} + i_c$，当 i_c 通过 R_c 时使三极管的集-射电压为 $u_{CE} = U_{CEQ} - i_c R_c$。

（3）u_{CE} 同样也是由直流分量 U_{CEQ} 和交流分量 $i_c R_c$ 两部分合成。由于电容 C_2 的隔直通交的作用，在放大电路的输出端，直流分量 U_{CEQ} 被隔断，放大电路输出信号 u_o 只是 u_{CE} 中的交流部分，即 $u_o = -R_c i_c$，式中负号表明 u_o 与 i_c 反相，由于 i_B、i_C 都与 u_i 同相，所以 u_o 与 u_i 是反相关系。

（4）可见，集电极负载电阻 R_c 将三极管的电流放大（$i_c = \beta i_B$）转换成了电压放大（R_c 阻值适当，$u_o \gg u_i$）。

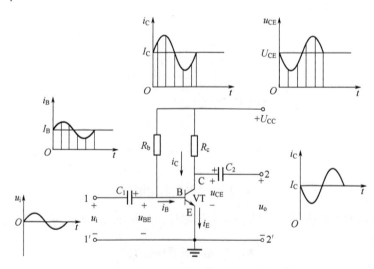

图 3-10　电路的电压放大原理

结论：在单级共射极放大电路中，输出电压 u_o 与输入电压 u_i 频率相同，波形相似，幅度得到放大，而它们的相位相反。

电压放大作用是一种能量转换作用，即在很小的输入信号功率控制下，将电源的直流功率转变成了较大的输出信号功率。放大电路的输出功率必须比输入功率要大，否则不能算是放大电路。

3．共射极放大电路的静态分析

1）放大电路中的直流通路

放大电路中既含有直流又含有交流，交流信号是叠加在直流上进行放大的。

（1）静态及静态工作点。

"静态"是指放大电路输入信号 u_i =0 时电路的工作状态，即图 3-11（a）中 u_i =0，此时电路中的电压、电流都是直流信号，I_B、I_C、U_{CE} 的值称为放大电路的静态工作点，记作 Q（I_{BQ}、I_{CQ}、U_{CEQ}）。

（2）直流通路。

直流通路是放大电路中直流电流通过的路径。直流通路中电容相当于开路，负载和信号源被电容隔断，剩下的部分就是直流通路，如图 3-11（b）所示。

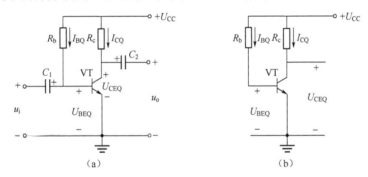

图 3-11 共射极放大电路的直流通路

2）静态工作点的估算法

三极管的 U_{BEQ} 很小，通常选用硅管的管压降 U_{BEQ} 约为 0.7V，锗管的管压降 U_{BEQ} 约为 0.3V。由于 $U_{CC} \gg U_{BEQ}$，所以静态工作点所对应的 I_{BQ}、I_{CQ}、U_{CEQ} 为

$$I_{BQ} = \frac{U_{CC} - U_{BEQ}}{R_b} \approx \frac{U_{CC}}{R_b} \tag{3-1}$$

$$I_{CQ} = \beta I_{BQ} \tag{3-2}$$

$$U_{CEQ} = U_{CC} - I_{CQ} R_c \tag{3-3}$$

【例 3-1】 在图 3-11 所示的放大电路中，U_{CC}=6V，R_b=200kΩ，R_c=2kΩ，β=50；试计算放大电路的静态工作点 Q。

【解】 $I_{BQ} = \dfrac{U_{CC}}{R_b} = \dfrac{6}{200 \times 10^3} = 0.03\text{mA}$

$I_{CQ} = \beta I_{BQ} = 50 \times 0.03 = 1.5\text{mA}$

$U_{CEQ} = U_{CC} - I_{CQ} R_c = 6 - 2 \times 1.5 = 3\text{V}$

3）静态工作点的图解分析法

图解分析法是指直接在三极管的输入和输出特性曲线上用作图的方法求解放大电路的工作情况，分析放大电路的性能。

（1）估算法。

先估算计算输入回路 I_{BQ}、U_{BEQ}，于是可以在输出特性曲线上找到 $i_B = I_{BQ}$ 那条曲线，如图 3-12 所示。

（2）图解分析定两点 M、N。

根据 $u_{CE} = U_{CC} - i_C R_c$ 确定两个特殊点：M、N 如图 3-13 所示。

① 令 $u_{CE} = 0$，则 $i_C = U_{CC}/R_c$，在输出特性曲线纵轴（i_C 轴）上可得 M 点。

② 令 $i_C = 0$，则 $u_{CE} = U_{CC}$，在输出特性曲线横轴（u_{CE} 轴）上可得 N 点。

连接 M、N，便可得到直流负载线 MN，显然直流负载线的斜率 $k = 1/R_c$，R_c 越小，直流负载线越陡。

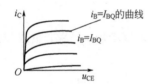

图 3-12 三极管的输出特性曲线

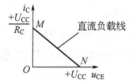

图 3-13 三极管的输出回路和直流负载线

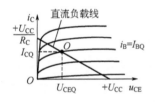

图 3-14 静态工作点的确定

（3）确定静态工作点。

输出特性曲线上 $I_B = I_{BQ}$ 的曲线与直流负载线 MN 的交点 Q 即为静态工作点，如图 3-14 所示，它的横坐标是 U_{CEQ}，纵坐标是 I_{CQ}。

【例 3-2】如图 3-15 所示，单管共射极放大电路及特性曲线中，已知 $R_b = 280\text{k}\Omega$，$R_c = 3\text{k}\Omega$，集电极直流电源 $U_{CC} = 12\text{V}$，试用图解法确定静态工作点。

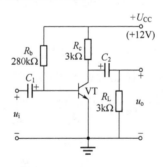

图 3-15 例题 3-2 电路图

【解】

① 首先估算 I_{BQ}。

$$I_{BQ} = \frac{U_{CC} - U_{BEQ}}{R_b} = \left(\frac{12 - 0.7}{280}\right)\text{mA} = 40\mu\text{A}$$

② 做直流负载线，确定 Q 点，如图 3-16 所示。

③ 根据 $U_{CEQ} = U_{CC} - I_{CQ}R_c$ 求出 M、N 两点。

M（$i_C = 0$，$u_{CE} = 12\text{V}$）；N（$u_{CE} = 0$，$i_C = 4\text{mA}$）

由 Q 点确定静态值为

$I_{BQ} = 40\mu\text{A}$，$I_{CQ} = 2\text{mA}$，$U_{CEQ} = 6\text{V}$。

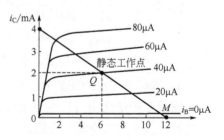

图 3-16 图解法确定静态工作点

4．共射极放大电路的动态分析

1）放大电路的微变等效电路分析法

（1）动态。

"动态"是指放大电路的输入端加信号时电路的工作状态，动态时电路同时存在交流量和直流量。

（2）交流通路。

交流通路是放大电路中交流信号通过的路径。交流通路用来分析放大电路的动态工作情况，计算放大电路的放大倍数。

交流通路的画法是：对于频率较高的交流信号，电容相当于短路，且直流电源的内阻一般都很小，所以对交流信号来说也可视为短路，如图 3-17 所示。

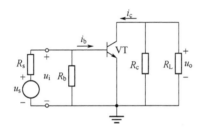

图 3-17　共射极放大电路的交流通路

（3）放大电路的电压放大倍数、输入电阻与输出电阻的计算。

① 放大电路的输入电阻 r_i。

r_i 是从放大电路的输入端往里看进去的等效电阻。r_i 越大，输入电流 i_i 越小，放大电路对信号源的影响越小。放大电路的输入电阻越大越好。

$$r_i = \frac{U_i}{I_i} = R_b \mathbin{/\mkern-5mu/} r_{be} \tag{3-4}$$

其中，r_{be} 为三极管 b、e 间的等效电阻，r_{be} 的经验公式为

$$r_{be} = 300 + (1+\beta) \times \frac{26\mathrm{mV}}{I_{EQ}} \quad (\Omega) \tag{3-5}$$

因为 $R_b \gg r_{be}$，所以放大器的输入电阻可近似为

$$r_i \approx r_{be} \tag{3-6}$$

② 放大电路的输出电阻 r_o。

从放大电路的输出端往里看，共射极放大电路出电阻 r_o 就是电阻 R_c，即

$$r_o \approx R_c \tag{3-7}$$

r_o 越小，放大器的带负载能力就越强。

③ 放大电路的电压放大倍数 A_u。

放大电路的电压放大倍数的定义为

$$A_u = \frac{u_o}{u_i} \tag{3-8}$$

其中，u_o 和 u_i 分别为输出信号电压和输入信号电压，通过分析可得

$$A_u = -\frac{\beta i_b R'_L}{i_b r_{be}} = -\beta \frac{R'_L}{r_{be}} \quad\quad (3\text{-}9)$$

式中，$R'_L = R_c // R_L$，负号表示输出电压与输入电压相位相反。

2）放大电路的动态测试与图解分析法

（1）交流通路的输出回路。

输出回路的外电路是 R_c 和 R_L 的并联，如图 3-18 所示。

（2）交流负载线。

交流负载线如图 3-19 所示。

① 由于输入电压 $u_i = 0$ 时，$i_C = I_{CQ}$，管压降为 U_{CEQ}，所以它必然会过 Q 点。

② 交流负载线斜率为

$$k = -\frac{1}{R'_L}$$

③ 交流负载线方程为

$$i_C - I_{CQ} = -\frac{1}{R'_L}(u_{CE} - U_{CEQ})$$

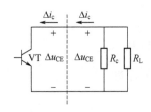

图 3-18 交流通路的输出回路

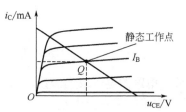

图 3-19 交流负载线

（3）动态工作情况图解分析。

如图 3-20 所示，$R_L = 3\text{k}\Omega$，假设输入信号电压 u_{BE} 幅度为 0.02V，信号电流 i_B 的幅度为 20μA，计算 $R'_L = R_c // R_L = 1.5\text{k}\Omega$，确定交流负载线，如图 3-21 所示。

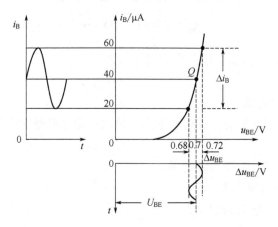

图 3-20 输入回路工作情况

由图 3-20 可见，放大电路的动态工作范围在 Q_1 和 Q_2 之间，输出电压的幅度为 1.5V，所以：

$$A_u = \frac{u_{om}}{u_{im}} = -\frac{1.5}{0.02} = -75$$

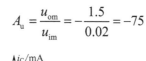

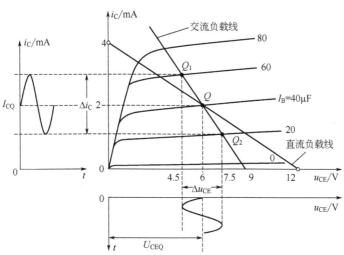

图 3-21 输出回路工作情况的测试与分析

3）图解法分析非线性失真（见表 3-7）

表 3-7 图解法分析非线性失真

截止失真	失真原因	Q 点过低，引起 i_b、i_C、u_{CE} 的波形失真	
	具体现象	i_C 的负半周出现平顶，u_o 的正半周出现平顶	
	解决方法	减小 R_b 提高 I_{BQ} 的值使 Q 点上移	
饱和失真	失真原因	Q 点过高，引起 i_C、u_{CE} 的波形失真	
	具体现象	i_C 的正半周出现平顶，u_o 的负半周出现平顶	
	解决方法	增大 R_b 减小 I_{BQ} 的值使 Q 点下移	

4）静态工作点的设置

静态工作点 Q 设置是否合适，关系到输入信号被放大后是否会出现波形的失真。

（1）若静态工作点 Q 设置过低，即 I_{BQ} 太小或 R_b 太大，容易使三极管的工作进入截止区，造成截止失真。

（2）若静态工作点 Q 设置过高，即 I_{BQ} 太大或 R_b 太小，三极管又容易进入饱和区，同样会造成饱和失真；所以应该合理选择静态工作点 Q。

（3）若放大电路设置了合适的静态工作点 Q，当输入正弦信号电压 u_i 后，信号电压 u_i 与静态电压 U_{BEQ} 叠加在一起，三极管始终处于导通状态，基极总电流 $I_{BQ}+i_b$ 就始终是单极性的脉动电流，从而保证了放大电路能把输入信号不失真地加以放大。

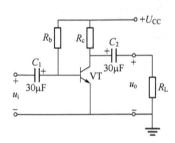

图 3-22　例题 3-3 电路图

【例 3-3】　在图 3-22 所示的放大电路中，$U_{CC}=12V$，$R_b=270k\Omega$，$R_c=3k\Omega$，三极管的 $\beta=50$，其余参数如图 3-22 所示，试分别计算当 $R_L=\infty$ 和 $R_L=3k\Omega$ 时的输入电阻 r_i、输出电阻 r_o 和电压放大倍数 A_u。

【解】① 静态工作点 Q（I_{BQ}、I_{CQ}、U_{CEQ}）。

$$I_{BQ}=\frac{U_{CC}}{R_B}=\frac{12}{270\times10^3}\approx0.04mA$$

$$I_{CQ}=\beta I_{BQ}=50\times0.04=2mA$$

$$U_{CEQ}=U_{CC}-I_{CQ}R_c=12-2\times3=6V$$

② 输入电阻 r_i。

$$r_{be}=300+(1+\beta)\times\frac{26mV}{I_{EQ}}=300+(1+50)\times\frac{26}{2}=963\Omega$$

$$\because R_b>>r_{be}，\quad \therefore r_i\approx r_{be}\approx963\Omega=0.963k\Omega$$

③ 输出电阻 r_o。

$$r_o\approx R_c=3k\Omega$$

④ 电压放大倍数 A_u。

当 $R_L=\infty$ 时，$R_L'=R_C//R_L\approx R_C$，则

$$A_u=-\frac{\beta i_b R_L'}{i_b r_{be}}=-\beta\frac{R_L'}{r_{be}}=-50\times\frac{3}{0.963}=-156$$

当 $R_L=3k\Omega$ 时，$R_L'=R_c//R_L=\frac{R_L R_c}{R_L+R_c}=\frac{3\times3}{3+3}=1.5k\Omega$，则

$$A_u=-\frac{\beta i_b R_L'}{i_b r_{be}}=-\beta\frac{R_L'}{r_{be}}=-50\times\frac{1.5}{0.963}=-78$$

可见放大器在不带负载时的电压放大倍数 A_u 为最大，带上负载后的 A_u 就下降；而且负载电阻 R_L 越小，A_u 下降越多。

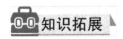

知识拓展

表 3-8 晶体三极管电压、电流符号的标注

名 称	电 源	静态值（直流值）	交流或随时间变化的分量			总量（直流+交流）
			瞬时值	有效值	相量	
集电极电压	U_{CC}	U_C	u_c	U_c	$\dot{U}_c$	$u_C=U_C+u_c$
集电极电流	I_{CC}	I_C	i_c	I_c	$\dot{I}_c$	$i_C=I_C+i_c$
基极电压	U_{BB}	U_B	u_b	U_b	$\dot{U}_b$	$u_B=U_B+u_b$
基极电流	I_{BB}	I_B	i_b	I_b	$\dot{I}_b$	$i_B=I_B+i_b$
发射极电压	U_{EE}	U_E	u_e	U_e	$\dot{U}_e$	$u_E=U_E+u_e$
发射极电流	I_{EE}	I_E	i_e	I_e	$\dot{I}_e$	$i_E=I_E+i_e$
说明	直流值用大写字母加大写下标表示		交流瞬时值用小写字母加小写下标表示	交流有效值用大写字母加小写下标表示	相量用加点的大写字母加小写下标表示	直流与交流叠加的总量用小写字母加大写下标表示

学习任务3 流水灯电路的安装与调试

基础知识

一、原理分析

流水灯电路如图 3-23 所示。

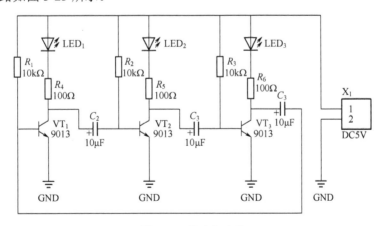

图 3-23 流水灯电路

当电源一接通，3 只三极管就要争先导通，但由于三极管自身的差异，最先只有一只管子导通。

（1）假如 VT_1 最先导通，那么 VT_1 集电极电压下降，使电容 C_1 的左端接近零电压，由于电容器两端的电压不能突变，所以 VT_2 基极也被拉到近似零电压，使 VT_2 截止。因为 VT_2 集电极为高电压，那么接在它上面的发光二极管 LED_2 就亮了。此刻 VT_2 集电极上的高电压通过电容器 C_2 使 VT_3 基极电压升高，三极管 VT_3 也将迅速导通。因此，只有接在 VT_2 集电极上的发光二极管 LED_2 亮，而其他两只发光二极管不亮。

（2）随着电源通过电阻 R_3 对 C_1 的充电，使三极管 VT_2 基极电压逐渐升高，当超过 0.6V 时，VT_2 由截止状态变为导通状态，集电极电压下降，发光二极管 LED_2 熄灭。此时三极管 VT_2 集电极电压的下降通过电容器 C_2 的作用使三极管 VT_3 的基极电压也下跳，VT_3 由导通变为截止。接在 VT_3 集电极上的发光二极管 LED_3 就亮了。

（3）如此循环，电路中 3 只三极管轮流截止，3 只发光二极管就不停地循环发光，闪光的速度取决于图 3-23 中 3 只电容的大小。3 个灯就可以实现流水灯。

注意

（1）三极管在工作时处于截止和饱和两种状态的不断转换之中。

（2）只有与三极管截止状态相对应的那只发光二极管才会被点亮。

（3）发光二极管谁优先被点亮是随机的，取决于 3 个结构完全相同的电路在一定条件差异下的竞争。

二、电路安装

安装之前请不要急于动手，应先查阅相关的技术资料及说明，然后对照原理图，了解印制电路板、元器件清单，并分清各元器件，了解各元器件的特点、作用、功能，同时核对元器件数量。

元器件清单见表 3-9。

表 3-9　流水灯电路元器件清单

序　　号	名　　称	规格型号	数　　量	符　　号
1	三极管	9013	3	VT_1、VT_2、VT_3
2	电解电容	10μF	3	C_1、C_2、C_3
3	电阻	10kΩ	3	R_1、R_2、R_3
4	电阻	100Ω	3	R_4、R_5、R_6
5	发光二极管		3	LED_1、LED_2、LED_3

三、通电调试

1. 通电前自检

（1）仔细检查已完成的装配是否准确——包括组件位置、极性组件的极性、引脚之间有无短路、连接处有无接触不良等。

（2）焊接是否可靠——无虚焊、漏焊及搭锡，无空隙、毛刺等。

（3）连线是否正确——无错线、少线和多线。

（4）电源端对地是否存在短路——在通电前，断开一根电源线，用万用表检查电源端对地是否存在短路。

2. 通电调试

具体可参见工作页。

流水灯布线图如图 3-24 所示。流水灯安装实物如图 3-25 所示。

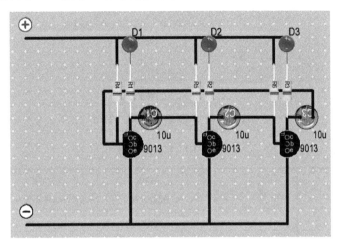

图 3-24　流水灯布线图

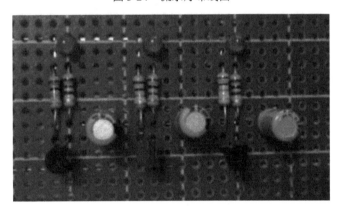

图 3-25　流水灯安装实物

知识链接

利用 Multisim 软件绘制共射极放大电路图并仿真

一、绘制单管共射极放大电路

利用项目 2 所学 Multisim 软件相关知识，绘制如图 3-26 所示的电路，要用到的仿真元器件见表 3-10。

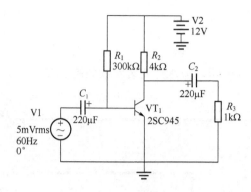

图 3-26　单管共射极放大电路

表 3-10　仿真元器件

序号	名　　称	符　　号	Group (元器件组)	Family (元器件系列)	Component (具体元器件)
1	三极管	Q_1	Transistors	BJT_NPN	2SC945
2	电阻	R_1、R_2、R_3	Basic	RESISTOR	300kΩ、4kΩ、1kΩ
3	交流信号源	V1	Sources	POWER_SOURCES	AC_POWER
4	直流稳压电源	V2	Sources	POWER_SOURCES	DC_POWER
5	电容	C_1、C_2	Basic	CAP_ELECTROLIT	220μF

二、电路图的仿真

1. 双踪示波器的放置与使用

（1）在侧边栏选取双踪示波器，放置到电路图旁边，如图 3-27 所示。

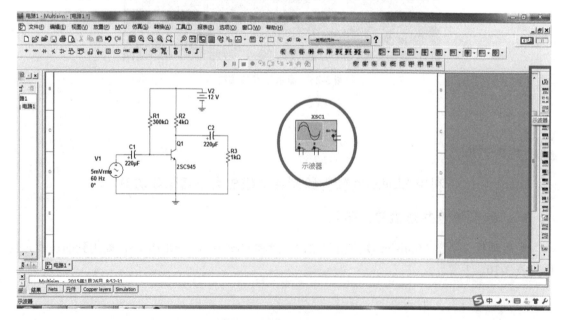

图 3-27　双踪示波器的放置

（2）将示波器连入电路，用示波器的两个通道分别测量输入、输出电压波形，如图 3-28 所示。

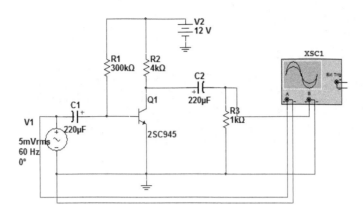

图 3-28　双踪示波器的使用

2．运行仿真电路，运用示波器观察电路输入、输出波形

（1）单击菜单栏上绿色运行按钮，运行仿真电路，如图 3-29 所示。

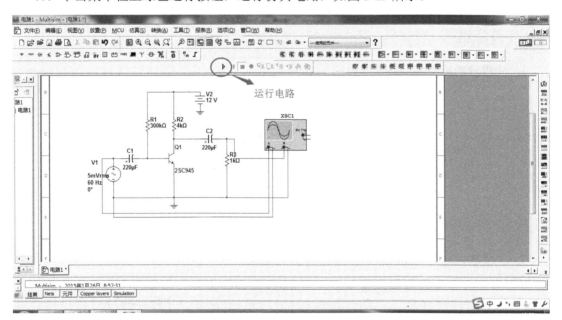

图 3-29　运行仿真电路

（2）运行仿真电路之后，双击示波器，出现示波器显示窗口，如图 3-30 所示。

（3）改变两个通道纵坐标值，便于观察比较。

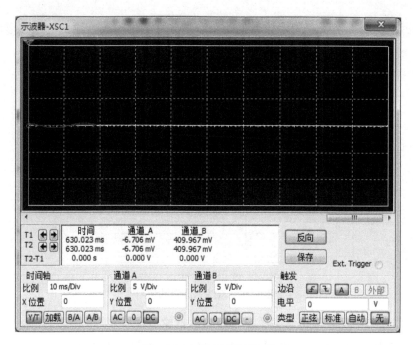

图 3-30 示波器显示窗口

项目总结

1. 三极管的结构和电路符号如图 3-31 所示。

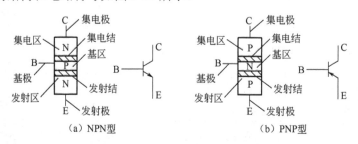

图 3-31 三极管的结构和电路符号

2. 三极管的输入、输出特性曲线如图 3-32 所示。

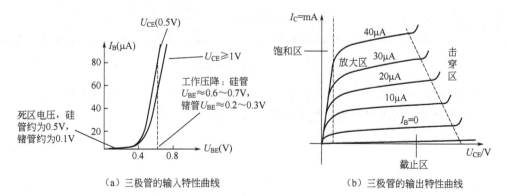

图 3-32 三极管的输入、输出特性曲线

3．三极管有放大、饱和、截止三种工作状态，见表 3-11。

表 3-11　三极管的工作状态

	截止区（截止状态）	放大区（放大状态）	饱和区（饱和状态）
条件	发射结反偏或零偏	发射结正偏且集电结反偏	发射结和集电结都正偏
特点	$I_B=0$、$I_C\approx0$	$\Delta I_C=\beta\Delta I_B$	i_C 不再受 i_B 控制

4．三极管基本放大电路的连接方式如图 3-33 所示。

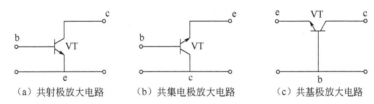

（a）共射极放大电路　　　（b）共集电极放大电路　　　（c）共基极放大电路

图 3-33　三极管基本放大电路的连接方式

5．"放大"的实质是用较小的能量去控制较大能量转换的一种能量转换装置，是一种"以弱控强"的作用。

6．放大电路中既含有直流又含有交流，交流信号是叠加在直流上进行放大的。

7．三极管的静态工作点是指：I_{BQ}、I_{CQ}、U_{CEQ}。

$$I_{BQ}=\frac{U_{CC}-U_{BEQ}}{R_b}\approx\frac{U_{CC}}{R_b}$$

$$I_{CQ}=\beta I_{BQ}$$

$$U_{CEQ}=U_{CC}-I_{CQ}R_C$$

8．"动态"是指放大电路的输入端加信号时电路的工作状态，动态时电路同时存在交流量和直流量。

9．静态工作点 Q 设置是否合适，关系到输入信号被放大后是否会出现波形的失真。

练习与思考

一、填空题

1．三极管有两个 PN 结，即_____结和_____结；有三个电极，即_____极、_____极和_____极，分别用_____、_____和_____表示。

2．硅三极管的发射结的开启电压约为_____V，锗三极管的发射结的开启电压约为_____V。三极管处在正常放大状态时，硅管发射结的导通电压约为_____V，锗管发射结的导通电压约为_____V。

3．由三极管的输出特性可知，它有_____、_____和_____三个区域。

4．静态分析一般采用_____通路进行分析，动态分析一般采用_____通路进行分析。

5．"放大"是将_____的电信号转变为_____的电信号；实质是用_____去控制_____的一种_____装置，是一种_____的作用。

6. 交流通路的画法是：对于频率较高的交流信号，电容相当于_____，且直流电源的内阻一般都很小，所以对交流信号来说也可视为_____。

7. 当三极管放大状态时，它的发射结必须是_____偏且集电结必须是_____偏。

8. 当三极管截止状态时，它的发射结必须是_____偏或_____偏。

9. 当三极管处于饱和状态时，它的发射结和集电结都是_____偏。

10. 若静态工作点 Q 设置过低，容易造成_____失真；若静态工作点 Q 设置过高，容易造成_____失真。

二、选择题

1. 下列数据中，对 NPN 型三极管属于放大状态的是（　　）。

  A. $U_{BE}>0$，$U_{BE}<U_{CE}$ 时   B. $U_{BE}<0$，$U_{BE}<U_{CE}$ 时

  C. $U_{BE}>0$，$U_{BE}>U_{CE}$ 时   D. $U_{BE}<0$，$U_{BE}>U_{CE}$ 时

2. NPN 型和 PNP 型三极管的区别是（　　）。

  A. 由两种不同的材料硅和锗制成的

  B. 掺入的杂质元素不同

  C. P 区和 N 区的位置不同

  D. 引脚排列方式不同

3. 三极管各极对公共端电位如图 3-34 所示，则处于放大状态的硅三极管是（　　）

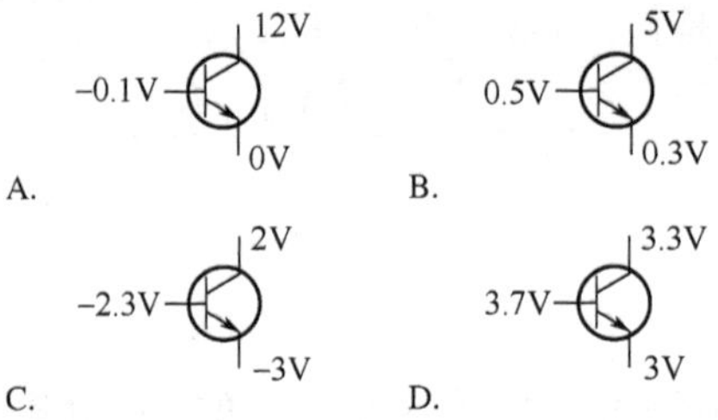

图 3-34 选择题 3 附图

4. 当三极管的发射结和集电结都反偏时，则三极管的集电极电流将（　　）

  A. 增大   B. 减少   C. 反向   D. 几乎为零

5. 检查放大电路中的三极管在静态的工作状态（工作区），最简便的方法是测量（　　）

  A. I_{BQ} B. U_{BE} C. I_{CQ} D. U_{CEQ}

6. 对放大电路中的三极管（NPN 型）进行测量，各极对地电压分别为 U_B=2.7V，U_E=2V，U_C=6V，则该管工作在（　　）。

  A. 放大区   B. 饱和区   C. 截止区   D. 无法确定

7. 某单管共射放大电路处于放大状态时，三个电极 A、B、C 对地的电位分别是 U_A=2.3V，U_B=3V，U_C=0V，则此三极管一定是（　　）

  A. PNP 硅管   B. NPN 硅管   C. PNP 锗管   D. NPN 锗管

8. 电路如图 3-34 所示，该管工作在（　　）。

  A. 放大区   B. 饱和区   C. 截止区   D. 无法确定

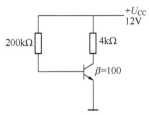

图 3-35 选择题 10 附图

9. 测得三极管 I_B=30μA 时，I_C=2.4mA；I_B=40μA 时，I_C=1mA，则该管的交流电流放大系数为（　　）。

  A．80   B．60   C．75   D．100

10. 用直流电压表测得放大电路中某三极管电极 1、2、3 的电位各为 U_1=2V，U_2=6V，U_3=2.7V，则（　　）。

  A．1 为 e，2 为 b，3 为 c   B．1 为 e，3 为 b，2 为 c

  C．2 为 e，1 为 b，3 为 c   D．3 为 e，1 为 b，2 为 c

11. 三极管共射极输出特性常用一族曲线表示，其中每一条曲线对应一个特定的（　　）。

  A．i_C B．u_{CE} C．i_B D．i_E

12. 某三极管的发射极电流等于 1mA，基极电流等于 20μA，则它的集电极电流等于（　　）。

  A．0.98mA   B．1.02mA   C．0.8mA   D．1.2mA

13. 下列各种基本放大器中可作为电流跟随器的是（　　）。

  A．共射接法   B．共基接法   C．共集接法   D．任何接法

14. 如图 3-36 所示为三极管的输出特性。该管在 U_{CE}=6V，I_C=3mA 处电流放大倍数 β 为（　　）。

  A．60   B．80   C．100   D．10

图 3-36 选择题 18 附图

15. 放大电路的三种组态（　　）。

  A．都有电压放大作用   B．都有电流放大作用

  C．都有功率放大作用   D．只有共射极电路有功率放大作用

16. 三极管构成的 3 种放大电路中，没有电压放大作用但有电流放大作用的是（　　）

  A．共集电极接法   B．共基极接法

  C．共发射极接法   D．以上都不是

17. 三极管各个极的电位如下，处于放大状态的三极管是（　　）。

    A. U_B=0.7V，U_E=0V，U_C=0.3V

    B. U_B=-6.7V，U_E=-7.4V，U_C=-4V

    C. U_B=-3V，U_E=0V，U_C=6V

    D. U_B=2.7V，U_E=2V，U_C=2V

18. 在单管共射固定式偏置放大电路中，为了使工作于截止状态的三极管进入放大状态，可采用的办法是（　　）

    A. 增大 R_c　　　　B. 减小 R_b　　　　C. 减小 R_c　　　　D. 增大 R_b

19. 如图 3-37 所示为某放大电路的输入波形与输出波形的对应关系，则该电路发生的失真和解决办法是（　　）

    A. 截止失真，静态工作点下移　　　　B. 饱和失真，静态工作点下移

    C. 截止失真，静态工作点上移　　　　D. 饱和失真，静态工作点上移

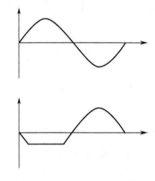

图 3-37　选择题 19 附图

20. 用万用表 $R\times1k\Omega$ 挡测量一只正常的三极管，若用红表笔接触一只引脚，黑表笔分别接触另外两只引脚时测得的电阻均很小，则该三极管是（　　）。

    A. PNP 型　　　　B. NPN 型　　　　C. 无法确定

三、判断题

1. 有一个三极管接在电路中，测得它的 3 个引脚电位分别为-9V、-6V 和-6.2 V，说明这个三极管是锗 PNP 管。（　　）

2. 三极管由两个 PN 结组成，所以能用两个二极管反向连接起来做成三极管使用。（　　）

3. 因为三极管发射区的杂质浓度比基区的杂质浓度小得多，所以不能用两个二极管反向连接起来代替三极管。（　　）

4. 三极管相当于两个反向连接的二极管，所以基极断开后还可以作为二极管使用。（　　）

5. 二极管加反向电压时，反向电流很小，所以三极管的集电结加反向电压时，集电极电流必然很小。（　　）

6. N 型半导体的多数载流子是电子，因此 N 型半导体带负电。（　　）

7. P 型半导体的多数载流子是空穴，因此 P 型半导体带正电。（　　）

8. 三极管是根据 PN 结单向导电的特性制成的，因此二极管也具有单向导电性。（　　）

9. 当二极管加反向电压时，二极管将有很小的反向电流通过，这个反向电流是由 P 型和 N 型半导体中少数载流子的漂移运动产生的。（　　）

10. 当二极管加正向电压时，二极管将有很大的正向电流通过，这个正向电流是由 P 型和 N 型半导体中的多数载流子的扩散运动产生的。（　　）

11. 若三极管发射结处于反向偏置，则其处于截止状态。（　　）

12. 发射结处于正向偏置的三极管一定是工作在放大状态。（　　）

13. 空穴和电子一样，都是载流子。（　　）

14. 在外电场作用下，半导体中同时出现电子电流和空穴电流。（　　）

15. 一般情况下，三极管的电流放大系数随温度的增加而减小。（　　）

16. 常温下，硅三极管的 U_{be}=0.7V，且随温度升高 U_{be} 也增加。（　　）

17. 若 $U_e > U_b > U_c$，则电路处于放大状态，该三极管必为 NPN 管。（　　）

18. 可利用三极管的一个 PN 结代替同材料的二极管。（　　）

19. 发射结处于正向偏置的三极管一定是工作在放大状态。（　　）

20. 用万用表测得三极管的任意二极间的电阻均很小，说明该管的两个 PN 结均开路。（　　）

四、综合题

1. 测得工作在放大状态的某三极管，其电流如图 3-38 所示，在图 3-38 中标出各管的引脚，并且说明三极管是 NPN 型还是 PNP 型？

2. 如图 3-39 所示三极管的输出特性曲线，试指出各区域名称并根据所给出的参数进行分析计算。

（1）U_{CE}=3V，I_B=60μA，求 I_C。

（2）I_C=4mA，U_{CE}=4V，求 I_B。

（3）U_{CE}=3V，I_B 由 40～60μA 时，求 β。

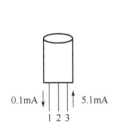

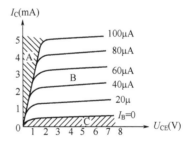

图 3-38　综合题 1 附图　　　　　图 3-39　综合题 2 附图

3. 共射极放大器中集电极电阻 R_c 起的作用是什么？

4. 放大电路中为何设立静态工作点？静态工作点的高、低对电路有何影响？

5. 在如图 3-40 所示电路中，已知 U_{CC}=12V，三极管的 β=100，R'_b=100kΩ。填空：要求先填文字表达式后填得数。

（1）当 U_i=0V 时，测得 U_{BEQ}=0.7V，若要基极电流 I_{BQ}=20μA，则 R'_b 和 R_W 之和 R_b=_____kΩ；而若测得 U_{CEQ}=6V，则 R_c=_____kΩ。

（2）若测得输入电压有效值 U_i=5mV 时，输出电压有效值 U'_o=0.6V，则电压放大倍数 A_u=_____≈_____。

若负载电阻 R_L 值与 R_c 相等，则带上负载后输出电压有效值 U_o=_____=_____V。

6. 已知如图 3-41 所示电路中，三极管均为硅管（$U_{BEQ}=0.7V$），且$\beta=50$，试估算静态值 I_B、I_C、U_{CE}。

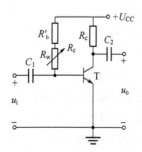

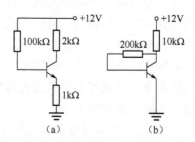

图 3-40　综合题 5 附图　　　　　图 3-41　综合题 6 附图

7. 在如图 3-42 所示的电路中，已知 $I_C=1.5mA$，$U_{CC}=12V$，$\beta=37.5$，$r_{be}=1k\Omega$，输出端开路，若要求 $A_u=-150$，求该电路的 R_b 和 R_c 值。

8. 三极管放大电路如图 3-43 所示，已知 $U_{CC}=15V$，$R_b=500k\Omega$，$R_c=5k\Omega$，$R_L=5k\Omega$，$\beta=50$。

（1）求静态工作点。

（2）画出微变等效电路。

（3）求放大倍数、输入电阻、输出电阻。

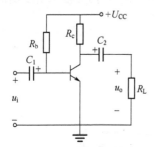

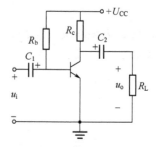

图 3-42　综合题 7 附图　　　　　图 3-43　综合题 8 附图

项目 4 调光灯电路的安装与调式

项目介绍

台式调光灯（见图4-1）在日常生活中应用十分广泛，是青少年学习的好伙伴，也是家居常备装饰品，它的种类繁多，是生活必需品。本项目要求安装与调试的调光灯电路的型号为MT-108，电压为220V，频率为50Hz，功率最大为60W。

图 4-1　各式各样的调光灯

学习目标

1．能制订电子产品制作的工作计划，明确工时、工作内容等要求。

2．会使用万用表识别及检测晶闸管、单结晶体管等常用电子元器件。

3．会正确写出晶闸管、单结晶体管等元器件的基本性质。

4．能熟练画出晶闸管调光灯电路，能按照电路选择和检查元器件，能根据电路设计布局走线，会使用焊接工具安装调光灯电路。

5．会使用万用表、示波器等常用仪器仪表检测电路，完成电路调试。

6．能说出调光灯电路的基本工作原理。

7．能撰写学习记录及小结。

建议课时：12 课时

学习活动建议

1．教师根据"工作页"提前准备学习资源（包括学习资料、工具、材料、仪表等）。

2．学生根据"工作页"指引，通过查阅"相关知识"等资料完成学习。

3．学生及教师根据评价材料完成项目学习评价。

相关知识

 学习任务 1　晶闸管、单结晶体管的认识与检测

基础知识

一、单向晶闸管的认识与检测

晶闸管又称可控硅（Silicon Controlled Rectifier，SCR），是一种大功率半导体元器件，出现于 20 世纪 70 年代。它的出现使半导体元器件由弱电领域扩展到强电领域。

晶闸管具有体积小、重量轻、无噪声、寿命长、容量大（正向平均电流达数千安、正向耐压达数千伏）的特点。主要应用于整流（交流—直流）、逆变（直流—交流）、变频（交流—交流），此外还可作为无触点开关等。

1．单向晶闸管的结构及符号

晶闸管是一种大功率 PNPN 4 层半导体元器件，具有 3 个 PN 结，引出 3 个极，即阳极 A、阴极 K、门极（控制极）G，其外形如图 4-2 所示。

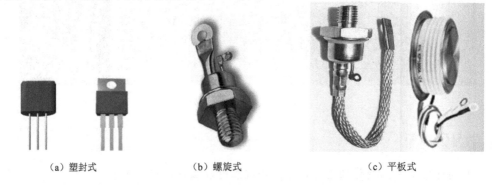

（a）塑封式　　　　　（b）螺旋式　　　　　（c）平板式

图 4-2　晶闸管外形

晶闸管的符号、内部结构和等效电路如图 4-3 所示。

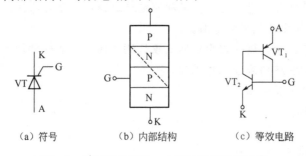

（a）符号　　　　（b）内部结构　　　　（c）等效电路

图 4-3　晶闸管的符号、内部结构及等效电路

2．单向晶闸管的检测方法

1）极别的判断

挡位选择：通过用万用表 $R \times 100\Omega$ 或 $R \times 1k$ 挡测量普通晶闸管各引脚之间的电阻值，即能

确定三个电极，见表 4-1。

表 4-1 极别的判断

步 骤	操 作 方 法	原 理
1. 门极 G	将万用表黑表笔任接晶闸管某一极，红表笔依次去触碰另外两个电极，若测量结果有一次阻值为较大，而另一次阻值较小，则可判定黑表笔接的是门极 G。若两次测出的阻值均很大，则说明黑表笔接的不是门极 G	G、A 极电阻较大（为几千欧），G、K 及电阻较小（为几百欧），A、K 正反向电阻均为无穷大）
2. A、K 极	在阻值较小的测量中，红表笔接的是阴极 K，剩下的引脚是阳极 A	

2）性能的判断（见表 4-2）

表 4-2 性能的判断

序 号	操 作 方 法	结 果		
1	选用万用表的电阻 $R×1k$ 挡，测量 G 极与 A 极之间、A 极与 K 极之间的正反向电阻均应为无穷大	单向晶闸管内部断路		
2	若 G 极与 A 极之间、A 极与 K 极之间的正反向电阻都很小	单向晶闸管内部击穿		
3	选用万用表的电阻 $R×1$ 挡；将黑表笔接 A 极，红表笔接 K 极；再将 G 极与黑表笔（或 A 极）瞬间相碰触一下，单向晶闸管应出现导通状态，即万用表指针向右偏转，并应能维持导通状态	极间电阻	阻值	结论
		A、K 正反向电阻	无穷大（∞）	正常
			零（较小）	内部击穿短路（漏电）
		C、K 正反向电阻	正向电阻小，反向电阻大	正常
			都很大	开路
			都很小	短路
			相等（相近）	失效
		A、G 正反向电阻	很大	正常
			一大一小	有一个 PN 结已经击穿

3. 工作特性的测试

【课堂实验】晶闸管的工作原理

【实验目的】晶闸管导通和关断的条件

【实验内容】按图 4-4 逐个接通电路

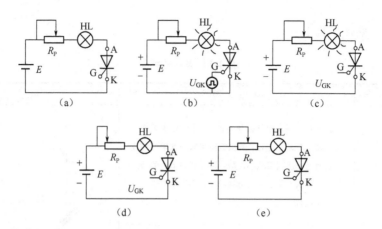

图 4-4　晶闸管工作原理实验电路

第一步：按图 4-4（a）接线，晶闸管不导通，指示灯不亮。

第二步：见图 4-4（b），在晶闸管的控制极、阴极间加触发电压 U_{GK}，晶闸管导通，指示灯亮。

第三步：按图 4-4（c）接线，去掉触发电压，晶闸管仍导通，指示灯亮。

第四步：按图 4-4（d）接线，去掉触发电压，将电位器阻值加大，晶闸管电流减小，当电流减小到一定值时，晶闸管关断，指示灯熄灭。

第五步：按图 4-4（e）接线，去掉触发电压，将电源极性反接，晶闸管关断，指示灯熄灭。

【结论】见表 4-3。

表 4-3　导通、关断条件

导 通 条 件	关 断 条 件
1．在阳极（A）与阴极（K）之间必须为正向电压（或正向偏压），即 $U_{AK}>0$	工作电流小于晶闸管的维持电流值或在阳极（A）与阴极（K）之间加上反向电压（反向偏压），即 $I_V<I_H$ 或 $U_{AK}<0$
2．在控制极（G）与阴极（K）之间也应有正向触发电压，即 $U_{GK}>0$	

注：晶闸管导通将使控制极（G）失去作用，即当 $U_{GK}=0$，晶闸管仍然导通。

4．主要参数

为了正确选择和使用晶闸管，还必须了解它的电压、电流等主要参数的意义。晶闸管的主要参数有以下几项。

1）断态不重复峰值电压 U_{DSM} 和 反向不重复峰值电压 U_{RSM}

它们是指晶闸管处于阻断状态时能承受的最大转折电压，一般用单脉冲测试，以防止元器件损坏。用户在测试或使用中应禁止给元器件施加该电压值，以免损坏元器件。

2）断态重复峰值电压 U_{DRM} 和反向重复峰值电压 U_{RRM}

控制极断路，在一定的温度下，允许重复加在管子上的正向电压称为断态重复峰值电压，用 U_{DRM} 表示。这个数值是不重复峰值电压 U_{DSM} 的 90%，而不重复峰值电压即为正向伏安特性曲线急剧弯曲点所决定的断态峰值电压。

反向重复峰值电压用 U_{RRM} 表示，它也是在控制极开路条件下，规定一定的温度，允许重复加在管子上的反向电压，同样，U_{RRM} 为反向不重复峰值电压 U_{RSM} 的 90%。

注 意 ● ● ● ●

"重复"是指重复率为每秒 50 次，持续时间不大于 10ms。

U_{DRM} 和 U_{RRM} 随温度的升高而降低，在测试条件中，将对温度做严格的规定。

生产厂把 U_{DRM} 和 U_{RRM} 中较小的一个数值作为管子的额定电压。

3）额定通态电流 I_T

在环境温度为 40℃和规定的冷却条件下，在单相工频（即 50Hz）正弦半波电路中，导通角为不小于 170°，负载为电阻性，当结温稳定且不超过额定结温时，管子所允许的最大通态电流为额定通态电流，这个值用平均值和有效值分别表示。

4）通态电压 U_{TM}

在规定环境温度和标准散热条件下，管子在额定通态电流 I_T 时所对应的阳极和阴极之间的电压称为通态电压，一般又称管压降，此值用峰值表示。

这是一个很重要的参数，晶闸管导通时的正向损耗主要由 I_T 与 U_{TM} 之积决定，希望 U_{TM} 越小越好。

5）维持电流 I_H

在室温下，控制极开路，晶闸管被触发导通后，维持导通状态所必需的最小电流。也就是说，在室温下，在控制极回路通以幅度和宽度都足够大的脉冲电流，同时在阳极和阴极之间加上电压，使管子完全开通，然后去掉控制极触发信号，缓慢减小正向电流，管子突然关断前瞬间的电流即为维持电流。

6）控制极触发电流 I_{GT} 和触发电压 U_{GT}

在室温条件下，晶闸管阳极和阴极间施加 6V 或 12V 的直流电压，使管子完全开通所需的最小控制极直流电流称为控制极触发电流 I_{GT}。普通晶闸管的 I_{GT} 一般为数毫安至几百毫安；高灵敏晶闸管的 I_{GT} 小至数微安。

对应控制极触发电流的控制极电压称为控制极触发电压 U_{GT}。

7）浪涌电流 I_{TSM}

在规定条件下，晶闸管通以额定电流，稳定后，在工频正弦波半周期间内管子能承受的最大过载电流称为浪涌电流 I_{TSM}。同时，紧接浪涌后的半周期间应能承受规定的反向电压。浪涌电流用峰值表示，是不重复的额定值；在管子的寿命期内，浪涌次数有一定的限制。

二、双向晶闸管的认识与检测

1. 外形

双向晶闸管的外形如图 4-5 所示。

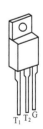

图 4-5 双向晶闸管的外形

2．结构与符号

双向晶闸管的结构与符号如图 4-6 所示，它是一个 NPNPN 5 层结构的半导体元器件，其功能相当于一对反向并联的单向晶闸管，电流可以从两个方向通过，所引出的 3 个电极分别为第一阳极 T_1、第二阳极 T_2 和控制极 G。

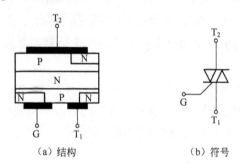

（a）结构　　　　　　　　　　　　　（b）符号

图 4-6　双向晶闸管的结构与符号

3．工作特性（见表 4-4）

表 4-4　工作特性

导 通 条 件	关 断 条 件
在控制极（G）加有正向或负向触发电压，即 $U_G>0$ 或 $U_G<0$，则不论第一阳极（T_1）与第二阳极（T_2）之间加正向电压或是反向电压，晶闸管都能导通	（工作）电流小于晶闸管的维持电流值，或第一阳极（T_1）与第二阳极（T_2）间外加的电压过零时，双向晶闸管都将关断

 注意 ••••

晶闸管导通将使控制极（G）失去作用，即当 $U_G=0$，晶闸管仍然导通。

4．检测方法

1）极性判别（见表 4-5）

表 4-5　极性判别

步　　骤	操 作 方 法	演　　示
1．判断 T_2 极	选用万用表的电阻 $R\times1$ 或 $R\times10$ 挡；用一表笔固定接一引脚，另一表笔分别接其余两个引脚。测出一组电阻值，不断变换，因第二阳极 T_2 与控制极 G 极之间、第二阳极 T_2 与第一阳极 T_1 之间的电阻应为无穷大，所以，当测出某引脚与其余两引脚的阻值为无穷大时，则表棒固定所接的引脚为第二阳极 T_2	
2．T_1、G 极判别	将黑表笔接假设的 T_1 极，红表笔接已确定的 T_2 极。在红表笔不断开与 T_2 极连接的情况下，将 T_2 极（或红表笔）与假设的 G 极瞬间相碰触一下。若双向晶闸管出现导通状态，即万用表指针向右偏转，并能维持导通状态，则上述假设的两极为正确；若不出现上述现象，则可改变两极的连接表笔再测	

2）检测方法（见表4-6）

表4-6　检测方法

测 量 步 骤	操 作 方 法	质 量 判 断
瞬间短接 T₂ G T₁ R×1	1. 选用万用表的电阻 R×1 或 R×10 挡；将黑表笔接 T₁ 极，红表笔接 T₂ 极。在红表笔不断开与 T₂ 极连接的情况下，将 T₂ 极（或红表笔）与 G 极瞬间相碰触一下，万用表指针应向右偏转，并能维持导通状态，说明晶闸管已经导通，导通方向为 T₁→T₂	若不能出现 1、2 的现象或不管使用如何方法测量都不能使晶闸管触发导通，说明管子已损坏
瞬间短接 T₂ G T₁ R×1	2. 将黑表笔接 T₂ 极，红表笔接 T₁ 极。在黑表笔不断开与 T₂ 极连接的情况下，将 T₂ 极（或黑表笔）与 G 极瞬间相碰触一下，万用表指针应再次向右偏转，并能维持导通状态，说明晶闸管已经再次导通，导通方向为 T₂→T₁	

三、单结晶体管的认识与检测

1. 单结晶体管的结构及符号

单结晶体管的结构如图 4-7（a）所示，e 为发射极，b₁ 为第一基极，b₂ 为第二基极。由图 4-7 可见，在一块高电阻率的 N 型硅片上引出两个基极 b₁ 和 b₂，两个基极之间的电阻就是硅片本身的电阻，一般为 2～2kΩ。在两个基极之间靠近 b₁ 的地方用合金法或扩散法掺入 P 型杂质并引出电极，成为发射极 e。它是一种特殊的半导体元器件，有 3 个电极，只有 1 个 PN 结，因此称为单结晶体管，又因为管子有两个基极，所以又称双基二极管，用 VT 表示。

单结晶体管的等效电路如图 4-7（b）所示，两个基极之间的电阻 $r_{bb}=r_{b1}+r_{b2}$，在正常工作时，r_{b1} 是随发射极电流大小而变化，相当于一个可变电阻。PN 结可等效为二极管 VD，它的正向导通压降常为 0.7V。单结晶体管的图形符号如图 4-7（c）所示。国产单结晶体管的型号有 BT31、BT32、BT33 等。BT 表示半导体特种管，3 表示 3 个电极，第 4 个数字表示耗散功率分别为 100mW、200mW、300mW。单结晶体管的外形及引脚排列如图 4-7（d）所示。

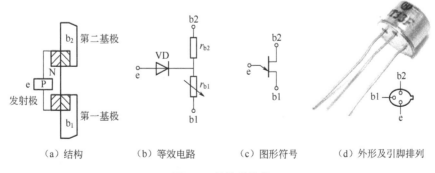

（a）结构　　（b）等效电路　　（c）图形符号　　（d）外形及引脚排列

图 4-7　单结晶体管

2．单结晶体管的检测方法见表 4-7

表 4-7　单结晶体管的检测方法

步　骤	操作方法
1．判断 e 极	选用万用表电阻 $R×100$ 挡；用黑表笔固定接一引脚，红表笔分别接其余两个引脚，测出两组电阻值；不断变换；若测得两组的电阻值均为较小时，则黑表笔所接的引脚为 e 极
2．b_1、b_2 极判别	选用万用表电阻 $R×100$ 挡；用黑表笔固定接 e 极，红表笔分别接其余两个引脚，测其电阻；比较两次测得电阻值，电阻值较小的一次，红表笔接的为 b_1，剩余一引脚为 b_2 极

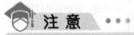

注意

通常，金属类的单结晶体管的金属外壳为 b_2 极。

3．工作特性

（1）单结晶体管的 e 极与 b_1 极之间的电阻 r_{eb1} 随发射极电流 I_E 而变。当 I_E 上升时 r_{eb1} 就会下降。单结晶体管的 e 极与 b_2 极之间的电阻 r_{eb2} 与发射极电流 I_E 无关。

（2）单结晶体管的导通条件：在 e 极与 b_1 极之间应为正向电压（即 $U_{eb1}>0$），且在 b_2 极与 b_1 极之间也应为正向电压。

（3）特性：当 U_{eb1} 较低时，单结晶体管 VT 是截止的；但当 U_{eb1} 上升至某一数值时，I_E 会加大，而 r_{eb1} 迅速下降，即单结晶体管迅速导通，相当于开关的闭合。因此，只要改变 U_{eb1} 的大小，就可控制单结晶体管迅速导通或截止。

如图 4-8（a）所示为测量伏安特性的测试电路，在 b_2、b_1 间加上固定电源 E_B，获得正向电压 U_{BB} 并将可调直流电源 E_E 通过限流电阻 R_E 接在 e 和 b_1 之间。

当外加电压 $U_E<U_P$ 时，PN 结承受反向电压而截止，故发射极回路只有微安级的反向电流，单结晶体管处于截止区，如图 4-8（b）的 aP 段所示。

在 $U_E=U_P$ 时，对应于图 4-8（b）中的 P 点，该点的电压和电流分别称为峰点电压 U_P 和峰点电流 I_P。由于 PN 结承受了正向电压而导通，此后 R_{B1} 急剧减小，U_E 随之下降，I_E 迅速增大，单结晶体管呈现负阻特性，负阻区如图 4-8（b）中的 PV 段所示。

V 点的电压和电流分别称为谷点电压 U_V 和谷点电流 I_V。过了谷点以后，I_E 继续增大，U_E 略有上升，但变化不大，此时单结晶体管进入饱状态，图 4-8 中对应于谷点 V 以右的特性，称为饱和区。当发射极电压减小到 $U_E<U_V$ 时，单结晶体管由导通恢复到截止状态。

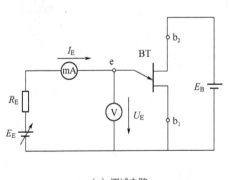

（a）测试电路

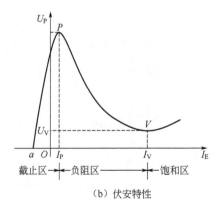

（b）伏安特性

图 4-8　单结晶体管伏安特性

知识拓展

常见的单、双向晶闸管（SCR、TRIAC）见表4-8。

表4-8 常见的单、双向晶闸管（SCR、TRIAC）

序号	产品型号	类型结构	最大稳定工作电流I_T（A）	正向阻断峰值电压U_{DRM}（V）	反向峰值电压U_{RRM}（V）	触发电流I_{GT}（A）	通态峰值电压U_{TM}（V）	封装形式
1	MCR100-6	SCR	0.8	400	400	5～200	1.7	TO-92
2	MCR100-8	SCR	0.8	600	600	5～200	1.7	TO-92
3	BT169D-400	SCR	0.8	400	400	5～200	1.7	TO-92
4	2P4M	SCR	2	400	400	5～140	1.7	TO-202
5	2P6M	SCR	2	600	600	5～140	1.7	TO-202
6	C106D	SCR	4	400	400	5～200	1.7	TO-126
7	BT151-500R	SCR	7.5	500	500	1～15mA	1.5	TO-220
8	BT151-600R	SCR	8	600	600	1～15mA	1.5	TO-220
9	MAC97A6	TRIAC	1	400	400	1～10	1.5	TO-92
10	MAC97A8	TRIAC	1	600	600	1～10	1.5	TO-92
11	BT131	TRIAC	1	600	600	1～10mA	1.7	TO-92
12	BT134	TRIAC	2	600	600	1～10mA	1.7	TO-92
13	BT136	TRIAC	4	600	600	1～10mA	1.7	TO-92
14	BT137	TRIAC	8	600	600	1～30mA	1.5	TO-220
15	BT138	TRIAC	12	600	600	1～30mA	1.5	TO-220

学习任务2 可控整流电路及触发电路的认识

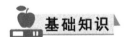**基础知识**

一、单相可控整流电路

1. 单相半波可控整流电路

单相半波可控整流电路及波形如图4-9所示，由一个晶闸管 VT 控制。

工作原理简述如下。

（1）在 0～t_1 时，晶闸管 VT 正偏，但若此时没有加触发电压，即 u_g 为 0，根据晶闸管的导通条件，晶闸管 VT 是处于关断状态；输出的负载电压 u_L 为 0。

（2）在 $t=t_1$ 时，u_g 不为 0，晶闸管 VT

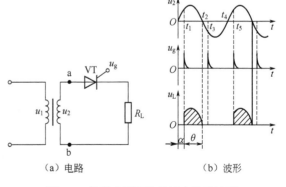

（a）电路 （b）波形

图4-9 单相半波可控整流电路及波形

满足导通条件而导通。

（3）在 $t_1 \sim t_2$ 时，晶闸管 VT 维持导通，输出电压 u_L 与 u_2 相等，如图 4-9（b）中 u_L 的阴影面积部分（即直流电平均值）所示。

（4）在 $t=t_2$ 时，当 u_2 为 0，则晶闸管自行关断，负载电压 u_L 为 0。

（5）在 $t_2 \sim t_4$ 时，u_2 为负半周，尽管 u_g 在 t_3 时不为 0，但晶闸管 VT 处于反偏而关断，负载电压 u_L 为 0。

（6）在 $t=t_4$ 时，电路将重复上一周期的变化。

综上所述，u_2 为正半周时，在电角度 α 期间，晶闸管关断；在电角度 θ 期间，晶闸管导通。u_2 为负半周时，晶闸管关断。通常将电角度 α 称为控制角，将电角度 θ 称为导通角，$\theta = \pi - \alpha$。

由图 4-9（b）可知，控制角 α 越大，导通角 θ 就越小，输出的负载电压 u_L（直流电平均值）就越小。因此，只要改变触发电压 u_g 到来的时间，即改变控制角 α 的大小，也就可改变导通角 θ 的大小，从而改变或调节了输出的负载电压 u_L。

2．单相桥式可控整流电路

单相半控桥式可控整流电路及波形如图 4-10 所示，电路中 4 个整流元器件有 2 个是晶闸管（VT_T、VT_2），2 个是二极管（VD_1、VD_2），又称半控桥式。若 4 个整流元器件都是晶闸管，则称单相全控桥式可控整流电路。

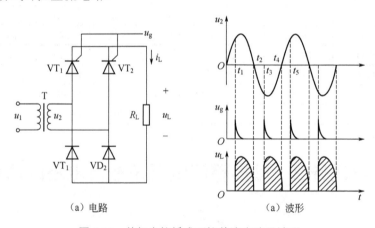

（a）电路   （a）波形

图 4-10　单相半控桥式可控整流电路及波形

工作原理简述如下。

（1）在 $t=0 \sim t_1$ 时，$u_2>0$，但 $u_g=0$，晶闸管 VT_1、VT_2 均关断，$u_L=0$。

（2）在 $t=t_1$ 时，$u_2>0$，$u_g>0$，晶闸管 VT_1 导通，二极管 VD_2 也导通，而晶闸管 VT_2 与二极管 VD_1 反偏而关断或截止。

（3）在 $t_1 \sim t_2$ 时，晶闸管 VT_1 维持导通，输出电压 u_L 与 u_2 相等，如图 4-10（b）中 u_L 的阴影面积部分（即直流电平均值）所示。

（4）在 $t=t_2$ 时，$u_2=0$，晶闸管 VT_1 自行关断、VT_2 也关断，$u_L=0$。

（5）在 $t_2 \sim t_3$ 时，$u_2<0$，但 $u_g=0$，晶闸管 VT_1、VT_2 均关断，$u_L=0$。

（6）在 $t=t_3$ 时，$u_2<0$，$u_g>0$，晶闸管 VT_2 导通，二极管 VD_1 也导通，而晶闸管 VT_1 与二极管 VD_2 反偏而关断或截止。

（7）在 $t_3 \sim t_4$ 时，晶闸管 VT_2 维持导通，输出电压 u_L 与 u_2 相等，如图 4-10（b）中 u_L 的

阴影面积部分（即直流电平均值）所示。

（8）在 $t=t_4$ 时，$u_2=0$，晶闸管 VT_2 自行关断、VT_1 也关断，$u_L=0$，电路将重复上一周期的变化。

从上述可见，在 u_2 的一个周期里，不论 u_2 是正半周（即 $u_2>0$）或 u_2 是负半周（即 $u_2<0$），总有一只晶闸管和一只二极管同时导通，从而在负载 R_L 上得到单向的全波脉动直流电 u_L。

单相桥式可控整流电路也是通过调节触发信号 u_g 到来的时间来改变晶闸管的控制角 α，即改变导通角 θ，从而实现控制或调节输出的直流电。

3．相关参数计算

单相半波可控整流电路、单相桥式可控整流电路有关电量的关系见表 4-9。

表 4-9　单相半波可控整流电路、单相桥式可控整流电路有关电量的关系

电路类型	负载电阻输出电压 U_o	负载电阻输出电流 I_o	晶闸管承受最大方向电压 U_{RM}
单相半波可控整流电路	$0.45U_2 \cdot \dfrac{1+\cos\alpha}{2}$	$0.45\dfrac{U_2}{R_L} \cdot \dfrac{1+\cos\alpha}{2}$	$\sqrt{2}U_2$
单相桥式半控整流电路	$0.9U_2 \cdot \dfrac{1+\cos\alpha}{2}$	$0.9\dfrac{U_2}{R_L} \cdot \dfrac{1+\cos\alpha}{2}$	$\sqrt{2}U_2$
单相桥式全控整流电路	$0.9U_2 \cdot \dfrac{1+\cos\alpha}{2}$	$0.9\dfrac{U_2}{R_L} \cdot \dfrac{1+\cos\alpha}{2}$	$\sqrt{2}U_2$

二、单结晶体管触发电路

1．电容充放电电路

在电子电路中会经常见到 RC 充放电电路，充放电快慢由充放电时间常数 τ 表示。

$$\tau = RC$$

如图 4-11 所示，R_p、R_e 和 C 组成电容充放电电路，由 $\tau = (R_p + R_e)C$ 可知，改变 R_p，可改变电容充放电时间，R_p 越小，充放电速度越快；R_p 越大，充放大电速度越慢。

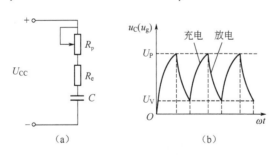

图 4-11　电容充放电电路及波形

2．触发信号的产生

单结晶体管触发电路及波形如图 4-12 所示。

工作原理简述如下。

（1）接通电源后，电源 E 经过 R_p 和 R_e 对电容 C 充电，电容电压 u_C 指数规律上升。

（2）当电容电压 u_C 上升到 u_p 时（即 $u_e \geqslant u_p$），单结晶体管 VU 迅速导通，电容电压 u_C 瞬间加至 R_1 的两端，u_o 出现突跳变；同时，电容 C 通过 R_1 放电，即使电容电压 u_C 通过 R_1 放电，

u_o 出现缓慢下降；因此在 R_1 上产生一个尖脉冲电压 u_o。

（3）当电容电压 u_C 下降到 u_v 时，单结晶体管截止，放电结束。

（4）此后电容 C 又充电，重复上述过程；于是在电容 C 上形成锯齿波形电压，而在 R_1 上产生一系列的尖脉冲电压 u_o，如图 4-12（b）所示。

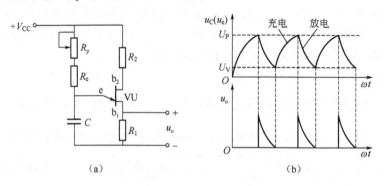

图 4-12　单结晶体管触发电路及波形

3．触发移相控制

如图 4-12 所示，若将电阻 R_p 调小，电容 C 充电就会加快，u_C 上升到 u_p 的时间就变短，出现尖脉冲的时间就提前。可见，调节 R_p 值就可以调整电容 C 充电的快慢，也可控制单结晶体管 VU 迅速导通时间，即改变触发脉冲产生的时间，从而改变输出脉冲的频率。

知识拓展

晶闸管的应用——逆变器

晶闸管是目前用途非常广泛的功率电子元器件，不仅具有硅整流器的特性，更重要的是其工作过程可控，它使半导体元器件从弱电进入强电的领域，也是制造技术最成熟、应用技术最广泛的元器件之一，下面介绍晶闸管在电力电子设备中应用较广的方面——逆变。

1．基本概念

将交流电转变为直流电的过程称为整流。将直流电转变为交流电的过程称为逆变。逆变是整流的逆向过程。

如果逆变电路的交流侧接到交流电网上，将直流电逆变成 50Hz 工频交流电并返送回电网中去，这种逆变就称为有源逆变。

如果逆变器的交流侧不与交流电网相连接，而是直接接到负载上，把直流电逆变为某一频率或频率可调的交流电供给负载，这种逆变就称为无源逆变，也有将无源逆变称为变频的。

2．无源逆变器的工作原理

当 VT_1 和 VT_4 触发导通（VT_2、VT_3 关断）时，直流电源通过 VT_1 和 VT_4 向负载供电，负载上电流的方向如图 4-13（a）所示。当 VT_2 和 VT_3 触发导通（VT_1、VT_4 关断）时，直流电源通过 VT_2 和 VT_3 向负载供电，电流反向流过负载，如图 4-13（b）所示。如果按一定频率不断轮流切换两组晶闸管，便将电源的直流电逆变成负载上的交流电，负载上的电压波形如图 4-13（c）所示。

若改变两组晶闸管的切换频率，便可改变交流电的频率。

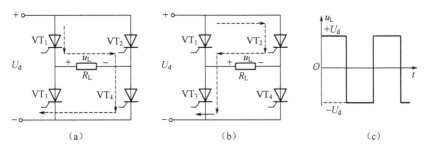

图 4-13 无源逆变的工作原理

3．逆变器的应用

逆变器广泛应用于空调、家庭影院、电动砂轮、电动工具、缝纫机、DVD、计算机、电视、洗衣机、抽油烟机、冰箱，录像机、按摩器、风扇、照明等电路中。

在国外因汽车的普及率较高，外出工作或外出旅游即可用逆变器连接蓄电池带动电器及各种工具工作。通过点烟器输出的车载逆变器是 20W、40W、80W、120W、150W 功率规格。

 学习任务 3 调光灯电路的安装与调试

一、原理分析

调光灯电路如图 4-14 所示。

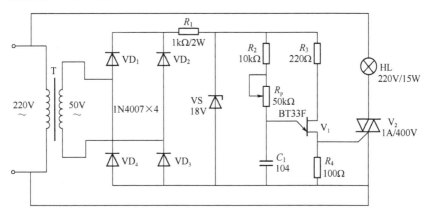

图 4-14 调光灯电路

调光灯电路由变压、整流、稳压、单结晶体管振荡电路组成。

（1）电源变压器：T 是降压变压器，它将电网 220V 交流电压变换成符合需要的交流电压，并送给整流电路，变压器的电压比由变压器的二次电压确定。

（2）整流电路：利用二极管 VD$_1$～VD$_4$，把 50Hz 的正弦交流电变换成脉动的直流电。

（3）稳压电路：本制作使用的是稳压二极管 VS，稳压电路的功能是使输出的直流电压稳定，不随交流电网电压和负载的变化而变化。

（4）单结晶体管振荡电路：利用电阻 $R_2 \sim R_4$、R_p，电容 C_1 及单结晶体管 V_1 构成触发电路。调节滑动变阻器 R_p，改变电容充放电时间，控制双向晶闸管 V_2 的导通时间，进而控制流经灯泡的平均电压大小，达到无级调光的目的。

二、电路安装

安装之前请不要急于动手，应先查阅相关的技术资料及说明，然后对照原理图，了解印制电路板、元器件清单，并分清各元器件，了解各元器件的特点、作用、功能，同时核对元器件数量。

直流稳压电源元器件清单见表 4-10。

表 4-10　直流稳压电源元器件清单

序　号	配件图号	名　称	规格型号	数量（只）
1	$VD_1 \sim VD_2$	二极管	1N4007	4
2	R_1	电阻	2kΩ/2W	1
3	R_2	电阻	10kΩ	1
4	R_3	电阻	220Ω	1
5	R_4	电阻	100Ω	1
6	R_p	可调电阻	50kΩ	1
7	C_1	电容	104	1
8	V_5	稳压二极管	18	1
9	T	变压器	220～50	1
10	V_7	双向晶闸管	400V/1A	1
11	HL	灯泡	220V/15W	1
12		其余配件		若干

正确插入元器件，按照从低到高、从小到大的顺利安装，极性要符合规定。

三、通电调试

1. 通电前自检

（1）仔细检查已完成的装配是否准确——包括组件位置、极性组件的极性、引脚之间有无短路、连接处有无接触不良等。

（2）焊接是否可靠——无虚焊、漏焊及搭锡，无空隙、毛刺等。

（3）连线是否正确——无错线、少线和多线。

（4）电源端对地是否存在短路——在通电前，断开一根电源线，用万用表检查电源端对地是否存在短路。

2. 通电调试

具体可参见工作页。

调光灯电路布线图如图 4-15 所示。调光灯电路的安装实物如图 4-16 所示。

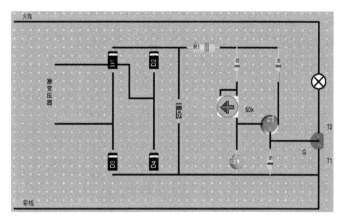

图 4-15 调光灯电路布线图

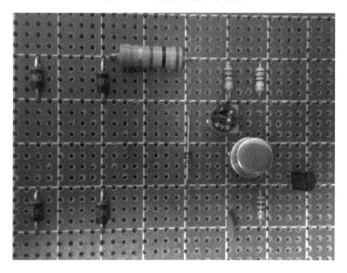

图 4-16 调光灯电路的安装实物

项目总结

1．晶闸管的种类：单向晶闸管和双向晶闸管两种。

2．晶闸管引脚名称。

单向晶闸管：阳极 A、阴极 K、门极（控制极）G。

双向晶闸管：控制极 G、第一阳极 T_1、第二阳极 T_2。

3．晶闸管导通条件、关断条件。

导通：阳极加正向电压、门极加适当正向电压，晶闸管被触发导通后，其控制极将失去控制作用。

关断：流过晶闸管的电流小于维持电流。

4．单结晶体管的引脚。只有一个 PN 结，具有两个基极，即第一基极 b_1 和第二基极 b_2，还有控制极 G，所以又称双基极二极管。

5．单结晶体管触发电路的工作原理：如图 4-12（a）所示，R_2 是偏置电阻，R_1 是放电电阻，通过改变 R_p 可以充放电时间，从而改变脉冲相位，即脉冲前移或后移。当 U_{eb1} 达到单结晶体管的导通电压时，单结晶体管导通，并在 R_1、C、e、b_1 形成放电回路，且 R_1 上输出脉冲。

6. 单、双向晶体管的极性判断和检测参考学习任务 1。

7. 单结晶体管的极性判断和检测参考学习任务 1。

练习与思考

一、填空题

1. 单结晶体管具有_____极、_____极和_____极。

2. 单向晶闸管具有_____极、_____极和_____极。

3. 单向晶闸管的导通条件：_____。

4. 单结晶体管有_____个 PN 结，又称_____。

5. 单结晶体管的_____是随发射极电流升高而_____。

二、选择题

1. 单向晶闸管是有（   ）个 PN 结。

   A. 1   B. 2   C. 3

2. 单向晶闸管导通必须具备的条件：（   ）。

   A. $U_{AK}>0$ B. $U_{GK}>0$ C. $U_{AK}>0$ 和 $U_{GK}>0$

3. 晶闸管关断条件：导通电流（   ）晶闸管的维持电流值。

   A. 小于   B. 大于   C. 等于

4. 在晶闸管的阳极与阴极之间加上（   ）偏压，晶闸管将要关断。

   A. 正向   B. 反向   C. 双向

5. 只要改变（   ）的大小，就可控制单结晶体管迅速的导通与截止。

   A. U_{be1} B. U_{eb1} C. U_{be2}

6. 单向晶闸管由 3 个 PN 组成，划分为（   ）个区。

   A. 2   B. 3   C. 4

7. 如图 4-17 所示，请在晶闸管符号上标出 3 个电极：（   ）。

   A. 1：K，2：G，3：A

   B. 1：K，2：A，3：G

   C. 1：A，2：K，3：G

   D. 1：G，2：A，3：K

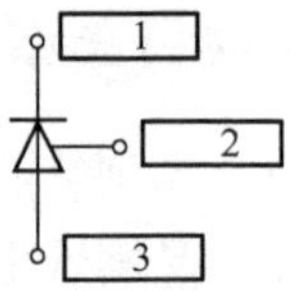

图 4-17　选择题 7 附图

8. 当加在晶闸管两端的电压超过其（   ）电压时，称为过电压。

   A. 有效值   B. 额定值   C. 最大值

9. 调整电容 C 使充电变慢，单结晶体管导通时间延迟，即使触发脉冲产生的时间（   ）。

   A. 提前   B. 不变   C. 延迟

10. 在规定的环境温度和控制极断开的条件下，晶闸管仍处于导通状态所需的最小正向电流称为（   ）。

   A. 维持电流   B. 触发电流   C. 额定电流

三、判断题

1. 单向晶闸管由两个三极管组成。（   ）

2．单向晶闸管导通后，控制极将失去作用。（　　　）

3．当双向晶闸管的 T_1、T_2 之间外加电压过零时，双向晶闸管将关断。（　　　）

4．只要给晶闸管加足够大的正向电压，没有控制信号也能导通。（　　　）

5．改变发射极和第一基极之间电压的大小，就可控制单结晶体管迅速导通与截止。（　　　）

四、综合题

1．简述单结晶体管自激振荡电路的工作原理。

2．如图 4-18 所示的单相半波可控整流电路中，已知 $U_2 = 50\text{V}$，$R_L = 100\Omega$，$\alpha = 60°$，试求：

（1）导通角 θ；

（2）输出电压的平均值；

（3）输出电流的平均值。

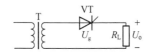

图 4-18　综合题 2 附图

3．如图 4-19 所示的单相桥式可控整流电路中，已知 $U_2 = 50\text{V}$，$R_L = 100\Omega$，$\alpha = 30°$，试求：

（1）导通角 θ；

（2）输出电压的平均值；

（3）输出电流的平均值。

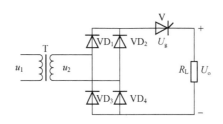

图 4-19　综合题 3 附图

4．如图 4-20 所示，试画出 R_d 上的电压波形（不考虑管子的导通压降）。

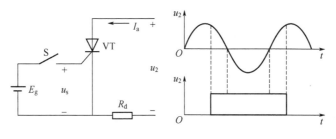

图 4-20　综合题 4 附图

项目 **5** 报警电路的安装与调式

项目介绍

在现实生活中，我们经常会遇到各种紧急情况下的警情，如安全防范、交通运输、医疗救护、应急救灾等，这些都会触发报警系统，如图 5-1 所示，使报警电路发出警笛声和警灯的周期闪烁。只要有安保系统的地方，都要用到报警电路。

本项目要求安装与调试一个报警电路，形成一个报警系统；如果经过包装改善，可以应用于生活当中。

图 5-1　报警系统

学习目标

1. 能制订报警电路制作的工作计划。
2. 会使用万用表识别及检测常用电子元器件。
3. 会使用 Multisim 软件进行运放电路仿真。
4. 会使用焊接工具安装比例运算放大电路和报警电路。
5. 会使用万用表、信号发生器、示波器等常用仪器仪表检测电路，完成报警电路调试。
6. 能说出报警电路的基本工作原理。
7. 能撰写学习记录及小结。

建议课时：20 课时

学习活动建议

1. 教师根据"工作页"提前准备学习资源（包括学习资料、工具、材料、仪表等）。

2. 学生根据"工作页"指引，通过查阅"相关知识"等资料完成学习。

3. 学生及教师根据评价材料完成项目学习评价。

 相关知识

学习任务 1 集成运放的认识与应用

基础知识

一、集成电路的基本知识

1. 集成电路与分立元器件电路

三极管、二极管、场效应管、电阻、电容等这些在电子电路中常用的元器件，在实际使用时总是要以各种各样的方式组装成一定的电路才能工作。对于一个稍微复杂一些的电路，不论多么成熟，总要经过一定的调试才能使用，而调试工作一般都比较复杂而且费时，降低了工作效率。那么，如何解决这个问题呢？人们经过实践探索，发明了集成电路。

集成电路是将一个或多个成熟的单元电路做在一块半导体芯片上，并进行封装，再从这块芯片上引出几个引脚，作为电路供电和外界信号的通道，从而构成一个不可分割的整体。以集成芯片 LM386 为例，这是一种用作音频信号放大的集成电路，它的内部是一个三级放大电路，第一级为差分放大电路，第二级为共射极放大电路，第三级为准互补输出级，但是它的外观体积却很小。

我们把这种在一个外壳中封装入一个单元电路，作为一个具有一定电路功能的元器件来使用的电子元器件，称为集成电路。和集成电路相对应的，使用独立的电阻、电容、三极管等元器件组装的电路，就称为分立元器件电路。

由于集成电路元器件密度大，外部引线及焊点少，从而大大提高了电路工作的可靠性，使电子设备不仅体积缩小了，质量减轻了，而且组装和调试工作也简化了，因此得到了广泛应用。常用集成电路的外形如图 5-2 所示。

图 5-2 常用集成电路的外形

2. 集成电路的分类

集成电路的种类很多，了解这方面的知识有利于分析集成电路工作原理。集成电路的分类见表 5-1。

表 5-1 集成电路的分类

划分方法及类型		说　明
按集成度划分	小规模集成电路	元器件数目在 100 以下，用字母 SSI 表示
	中规模集成电路	元器件数目在 100～1000 之间，用字母 MSI 表示
	大规模集成电路	元器件数目在 1000 至数万之间，用字母 LSI 表示
	超大规模集成电路	元器件数目在 10 万以上，用字母 VLSI 表示
按处理信号划分	模拟集成电路	用于放大或变换连续变化的电流和电压信号。它又分为线性集成电路和非线性集成电路两种
	数字集成电路	用于处理数字信号
按制造工艺划分	半导体集成电路、薄膜集成电路、厚膜集成电路	

二、集成运算放大电路的结构

集成运算放大电路是一种具有高电压放大倍数的直接耦合放大电路，简称运放，是一种具有很高放大倍数的多级直接耦合放大电路，主要由输入级、中间级、输出级、偏置电路组成，如图 5-3 所示。供电电源通常接成对地为正或对地为负的形式，而以地作为输入、输出和电源的公共端。

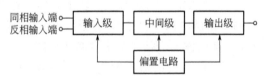

图 5-3 集成运算放大电路的结构

输入级：由具有恒流源的差动放大电路构成，有同相和反相两个输入端；输入电阻高，能减少零点漂移和抑制干扰信号，具有较高的共模抑制比。

中间级：有多级放大电路构成，具有较高的放大倍数。一般采用带恒流源的共发射极放大电路构成。

输出级：与负载相接，一般由电压跟随器或互补电压跟随器组成，以降低输出电阻，提高带负载能力。

偏置电路：由镜像恒流源等电路构成，为集成运放各级放大电路建立合适而稳定的静态工作点。

三、集成运算放大电路符号

集成运算放大电路的符号如图 5-4 所示。

反相输入端：表示输出信号和输入信号相位相反，即当同相端接地，反相端输入一个正信号时，输出端输出信号为负。

同相输入端：表示输出信号和输入信号相位相同，即当反相端接地，同相端输入一个正信号时，输出端输出信号也为正。集成运算放大电路符号中的"+"、"–"只是接线端名称，与所接信号电压的极性无关。

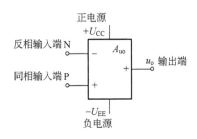

图 5-4 集成运算放大电路的符号

以集成运放 LM324 为例，对应实际集成运放引脚图，如图 5-5 所示。

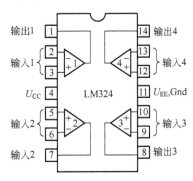

图 5-5 实际引脚图的含义

四、集成运算放大电路的理想特性

1. 理想特性

在分析运算放大器的电路时，一般将它看成理想的运算放大器，理想化的主要条件如下。

（1）开环差模电压放大倍数：$A_{uo} \to \infty$。

（2）开环差模输入电阻：$T_i \to \infty$。

（3）开环差模输出电阻：$T_o \to 0$。

（4）共模抑制比：$K_{CMR} \to \infty$。

（5）开环带宽：f_{bw} 为 $0 \to \infty$。

2. 理想运算放大电路的电路符号

理想运算放大电路的电路符号如图 5-6 所示。

图 5-6 理想运算放大电路的电路符号

3. 理想运算放大电路的两个重要特点

理想运放工作在线性区时，输出电压与输入电压呈线性关系，其中，u_o 是集成运放的输出电压；u_P 和 u_N 分别是同相输入端及反相输入端的电压；A_{uo} 是开环差模电压放大倍数。根据理想运放的特征，可以导出工作在线性区时集成运放的两个重要特点。

（1）两输入端电位相等（即 $u_P = u_N$）。

放大电路的电压放大倍数为

$$A_{uo} = \frac{u_o}{u_{PN}} = \frac{u_o}{u_P - u_N}$$

在线性区，集成运放的输出电压 u_o 为有限值，根据运放的理想特性 $A_{uo} \to \infty$，有 $u_P = u_N$，即集成运放同相输入端和反相输入端电位相等，相当于短路，此现象称为虚假短路，简称虚短，如图 5-7 所示。

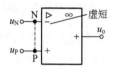

图 5-7　集成运放的虚假短路

（2）净输入电流等于零（即 $I'_{i+} = I'_{i-} \approx 0$）。

在图 5-8 中，运算放大电路的净输入电流 I'_i 为

$$I'_i = \frac{u_P - u_N}{r_i}$$

根据运放的理想特性 $r_i \to \infty$，有 $I'_{i+} = I'_{i-} \approx 0$，即集成运放两个输入端的净输入电流约为零，好像电路断开一样，但又不是实际断路，此现象称为虚假断路，简称虚断，如图 5-8 所示。

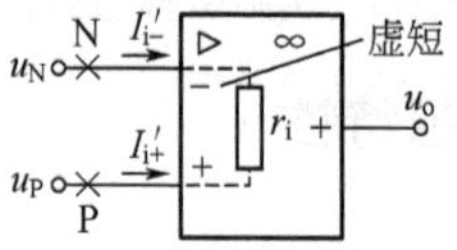

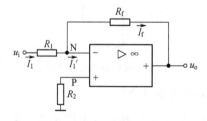

图 5-8　集成运放的虚假断路

五、集成运算放大电路的应用

集成运算放大电路与外部电阻、电容等元器件构成闭环电路后，能对各种模拟信号进行运算。下面介绍两种由集成运算放大电路组成的基本电路。

1. 反相比例运算放大电路

反相比例运算放大电路如图 5-9 所示，R_1 的作用是将输入电压转换成电流信号；R_f 的作用是把输出信号电压反馈到反相端，构成深度电压并联负反馈；R_2 的作用是平衡电阻，必须满足 $R_2 = R_1 // R_f$。

图 5-9　反相比例运算放大电路

根据虚短（$u_P = u_N$）且 P 点接地，可得 $u_P = u_N = 0$，N 点电位与地相等，所以 N 点称为虚地。根据虚地可得输出电压与输入电压之间的关系为

$$u_o = -\frac{R_f}{R_1}u_i \qquad (5\text{-}1)$$

定义比例系数为

$$A_{uf} = -\frac{R_f}{R_1} \qquad (5\text{-}2)$$

由式（5-2）可知，输出电压与输入电压成正比例，相位相反。

2．同相比例运算放大电路

同相比例运算放大电路如图 5-10 所示。

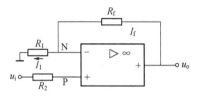

图 5-10　同相比例运算放大电路

输出电压与输入电压的关系为

$$u_o = \left(1+\frac{R_f}{R_1}\right)u_i \qquad (5\text{-}3)$$

$$A_{uf} = 1+\frac{R_f}{R_1} \qquad (5\text{-}4)$$

由式（5-3）可知，输出电压与输入电压成正比例，相位相同。

知识拓展

常用集成运放

一、集成运放 LM324 的认识

1．结构（见图 5-11）

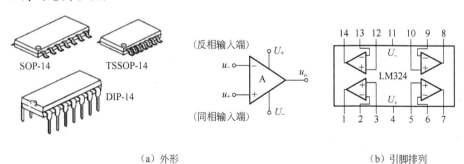

（a）外形　　　　　　　　　　　　　　　（b）引脚排列

图 5-11　集成运放 LM324 的结构

2．功能

LM324 是四运放集成电路，它采用 14 引脚双列直插塑料封装，外形如图 5-11（a）所示。它的内部包含 4 组形式完全相同的运算放大器，除电源共用外，4 组运放相互独立。每组运算

放大器可用如图 5-11（b）所示的符号来表示，它有 5 个引出脚，其中"+"、"−"为两个信号输入端，"U_+"、"U_-"为正、负电源端，"u_o"为输出端。两个信号输入端中，u_-（−）为反相输入端，表示运放输出端 u_o 的信号与该输入端的相位相反；u_+（+）为同相输入端，表示运放输出端 u_o 的信号与该输入端的相位相同。LM324 的引脚排列如图 5-11（b）所示。

二、常用集成运放（见表 5-2）

表 5-2　常用集成运放

型　　号	实物图片	引脚图	应　　用
OP07		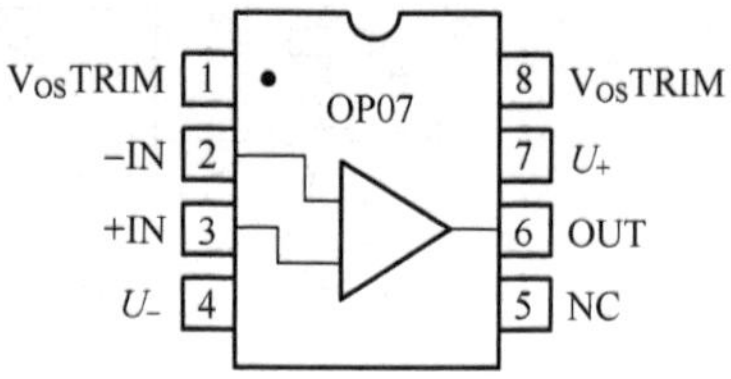	适用于高增益的测量设备和放大传感器的微弱信号等方面
LM358		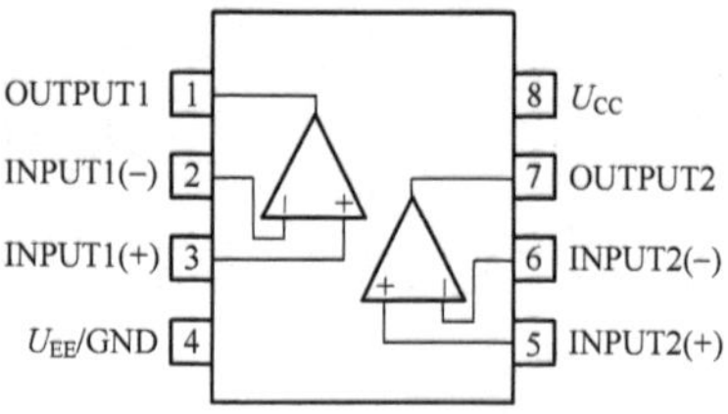	适合于电源电压范围很宽的单电源使用，也适用于双电源工作模式
TL084		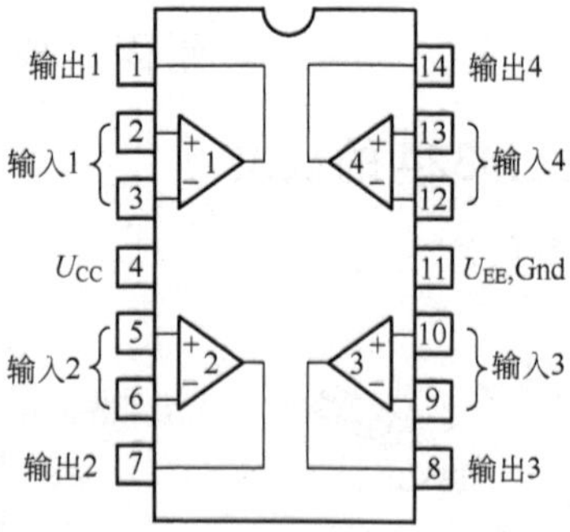	JJFET 输入运算放大器
TLC4501		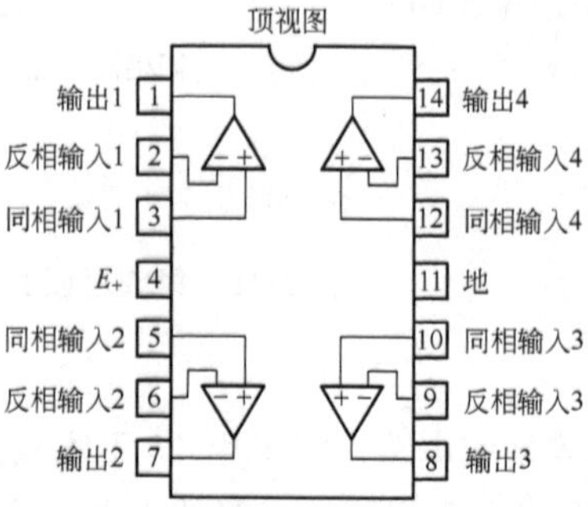	精密单路运算放大器

续表

型　号	实物图片	引脚图	应　用
TLC4502		1OUT |1　8| U_{DD+} 1IN– |2　7| 2OUT 1IN+ |3　6| 2IN– U_{DD-}/GND |4　5| 2IN+	精密型运算放大器
TLC2652		C_{XA} |1　8| C_{XB} IN– |2　7| U_{DD+} IN+ |3　6| OUT U_{DD-} |4　5| CLAMP	高精度斩波稳定运算放大器
TLC2654		顶视图 输出1 |1　14| 输出4 反相输入1 |2　13| 反相输入4 同相输入1 |3　12| 反相输入4 E_+ |4　11| 地 同相输入2 |5　10| 同相输入3 反相输入2 |6　9| 反相输入3 输出2 |7　8| 输出3	低噪声斩波稳定运算放大器

学习任务 2　低频功率放大器的认识

 基础知识

　　功率放大器简称功放，是指在给定失真率条件下，能产生最大功率输出以驱动某一负载（如扬声器）的放大器。按其工作频率的高低划分，可分为低频功放和高频功放。这里重点介绍的是低频功放。

　　功率放大电路是一种能量转换的电路，在输入信号的作用下，晶体管把直流电源的能量转换成随输入信号变化的输出功率送给负载。

　　具体原理是：利用三极管的电流控制作用或场效应管的电压控制作用将电源的功率转换为按照输入信号变化的电流。以音频放大器为例，因为声音是不同振幅和不同频率的波，即交流信号电流，三极管的集电极电流永远是基极电流的 β 倍，β 是三极管的交流放大倍数，应用这一点，若将小信号注入基极，则集电极流过的电流会等于基极电流的 β 倍，然后将这个信号用隔直电容隔离出来，就得到了电流（或电压）是原先 β 倍的大信号，这种现象称为三极管的放大作用。经过不断的电流放大，就完成了功率放大，如图 5-12（a）所示。

一、低频功放的特点

（1）输出功率要大。要增加放大器的输出功率，必须使晶体管运行在极限的工作区域附近，由 I_{CM}、U_{CM} 和 P_{CM} 决定，如图 5-12（b）所示。

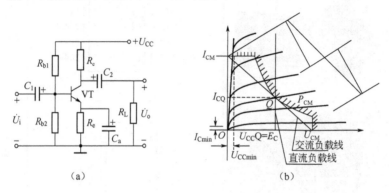

图 5-12　低频功率放大器

（2）效率 η 要高。放大器的效率 $\eta=$ 交流输出功率/直流输入功率。

（3）非线性失真在允许范围内。由于功率放大器在大信号下工作，所以非线性失真是难免的，问题是要把失真控制在允许范围内。

二、低频功放的分类

功率放大器根据工作状态的不同分为以下 4 种。

（1）甲类工作状态。在整个工作周期内晶体管的集电极电流始终是流通的，如图 5-13（a）所示。甲类工作状态又称 A 类工作状态。这种状态放大器的效率最低，但非线性失真相对较小。一般用于对比失真比较敏感的场合，如 Hi-Fi 音响。

（2）乙类工作状态。晶体管半个周期工作，另半个周期截止，如图 5-13（b）所示。乙类工作状态又称 B 类工作状态。这种放大器一般有两只互补的晶体管推挽工作，效率比甲类功放要高，但存在交越失真的问题。一般功率放大器都采用这种形式。

（3）甲乙类工作状态。它是介于甲类和乙类之间的工作状态，即晶体管工作的时间大于半个周期，如图 5-13（c）所示。这种功放的特性介于甲类和乙类之间。

（4）丙类工作状态。在这种状态下，晶体管工作的时间小于半个周期，如图 5-13（d）所示。丙类工作工作状态又称 C 类工作状态。丙类功放一般用于高频的谐振功放。

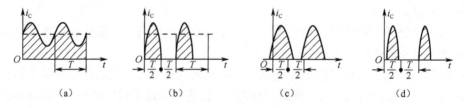

图 5-13　功率放大器工作波形

三、OCL 双电源互补对称式功率放大电路

OCL 双电源互补对称式功率放大电路是无输出电容直接耦合的功放电路，简称 OCL 电路。

如图 5-14 所示，VT_1 为 NPN 型晶体管，VT_2 为 PNP 型晶体管，当输入正弦信号 u_i 为正半周时，VT_1 的发射结为正向偏置，VT_2 的发射结为反向偏置，于是 VT_1 导通，VT_2 截止。此时的 $i_{c1} \approx i_{e1}$ 流过负载 R_L。当输入信号 u_i 为负半周时，VT_1 为反向偏置，VT_2 为正向偏置，VT_1 截止，VT_2 导通，此时有电流 i_{c2} 通过负载 R_L。

由此可见，VT_1、VT_2 在输入信号的作用下交替导通，使负载上得到随输入信号变化的电流。此外电路连成射极输出器的形式，因而放大器的输入电阻高，而输出电阻很低，解决了负载电阻和放大电路输出电阻之间的配合问题。

但是在图 5-14（a）所示电路中，由于三极管存在死区电压的原因，在输出波形正、负半周的交界处会造成交越失真。因此，在实际应用中，更多采用图 5-14（b）所示的电路，使两管处于甲乙类工作状态，即微导通状态，由于 R_1、VD_4 的存在，只要偏置合适，它即可相互补偿，消除交越失真，在负载上得到不失真的正弦波。

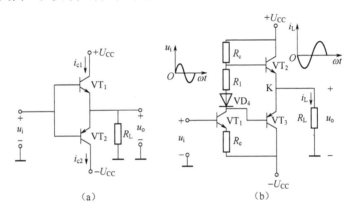

（a）　　　　　　　　　　　　　（b）

图 5-14　OCL 电路组成及工作原理

四、OTL 单电源互补对称式功率放大电路

1. 基本电路

OTL 基本电路如图 5-15 所示。

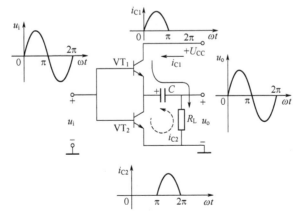

图 5-15　OTL 基本电路

特点：与 OCL 电路相比，省去了负电源，输出端加接了一个大容量电容器。

2．工作原理

（1） $u_i > 0$ ，VT_1 导通，VT_1 截止，R_L 上得到被放大的正半周电流信号，C 充电。

（2） $u_i < 0$ ，V_1 截止，VT_2 导通，R_L 上得到被放大的负半周电流信号，C 放电。

在一个周期内，两只管子轮流放大正、负半周电流信号，实现完整周期波形。电容 C 不仅耦合输出信号，还起到负电源的作用。

$$U_1 = \frac{1}{2}U_{CC}, \quad U_2 = -\frac{1}{2}U_{CC}$$

3．实用电路

OTL 电路的应用如图 5-16 所示。

VT_1：激励级，向 VT_2、VT_3 组成的互补对称电路提供激励信号。

R_1：为 VT_1 的偏置电阻，与输出端相连，起交、直流负反馈作用。

C_1、R_3：组成具有升压功能的自举电路。只要 C_1 足够大，其上交流电压很小，因而 C 点电位跟随输出 O 点电位而变化，相当于 VT_1 的电流供电电压自动升高，确保 VT_1 输出足够的激励电压。R_3 为隔离电阻，将电源与 C_1 隔开，使 C_1 上举的电压不被 U_{CC} 吸收。

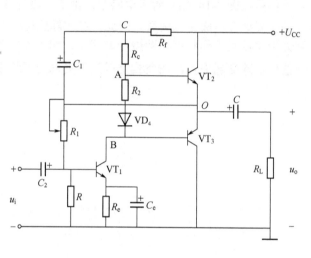

图 5-16　OTL 电路的应用

4．采用复合管的 OTL 电路

1）复合管

用两只或多只三极管按一定规律的组合，等效成一只三极管，称为复合管，如图 5-17 所示。

图 5-17　复合管

复合管组织的原则如下。

（1）保证参与复合的每只管子 3 个电极的电流按各自的正确方向流动。

（2）复合管的类型取决于前一只管子。

由两只三极管组成的复合管的电流放大倍数约为两只管子电流放大倍数系数的乘积。

复合管提高了电流放大倍数，增大了穿透电流，稳定性变差。复合管改进电路如图 5-18 所示。

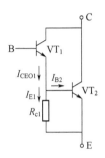

图 5-18　复合管改进电路

2）实用电路

复合管应用电路如图 5-19 所示，其中，

VT_2、VT_4：组成 NPN 管；

VT_3、VT_5：组成 PNP 管；

R_9、R_{10}：负反馈电阻，用于稳定工作点和减小失真；

C_3、C_6：消振电容，消除电路可能产生的自激；

C_2、R_6：组成自举电路。

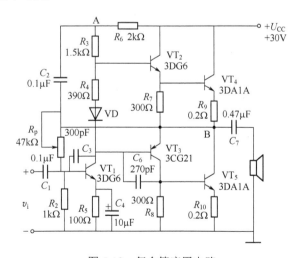

图 5-19　复合管应用电路

知识拓展

TDA2030 是一款较好的音频功率放大器件，采用 V 形 5 脚单列直插式塑料封装结构，其实物如图 5-20（a）所示。由 TDA2030 构成的功放电路具有如下特点：外接元器件非常少，

输出功率大，P_o=18W（R_L=4Ω），开机冲击极小，内含各种保护电路，因此工作安全可靠。常用它来做计算机有源音箱的功率放大部分或小型功放。

TDA2030 的引脚示意图如图 5-20（b）所示。引脚 1 是正相输入端，引脚 2 是反相输入端，引脚 3 是负电源输入端，引脚 4 是功率输出端，引脚 5 是正电源输入端。

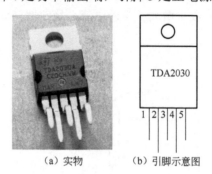

（a）实物　　　　（b）引脚示意图

图 5-20　TDA2030 音频功率放大器

前面已经学过，信号经过前级运放放大后，它的驱动能力很弱，必须进行功率放大。TDA2030 可以把功率放大，但必须给它提供合适的外围电路。TDA2030 的外围放大电路如图 5-21 所示。

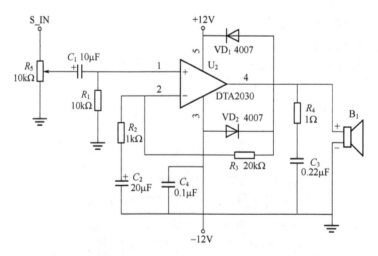

图 5-21　TDA2030 的外围放大电路

TDA2030 放大电路中，TDA2030 为集成功率放大器，R_5 为碳膜电位器，C_1、C_2 是耐压为 16V 的电解电容器，C_3、C_4 为瓷介电容，R_1、R_2、R_3 为额定功率 1/8W 的碳膜电阻，R_4 为额定功率 1/4W 的碳膜电阻，VD_1、VD_2 为 1N4007 小功率整流二极管。

工作原理如下。

R_5 是音量调节电位器，C_1 是输入耦合电容，R_1 是 TDA2030 同相输入端偏置电阻。R_2、R_3 决定了该电路交流负反馈的强弱及闭环增益。该电路闭环增益为（R_2+R_3）/R_2 =（0.68+22）/0.68 = 33.3 倍，C_2 起隔直流作用，以使电路直流为 100%负反馈。静态工作点稳定性好。C_4 为电源高频旁路电容，防止电路产生自激振荡。R_4、C_3 称为茹贝网路，用以在电路接有感性负载扬声器时，保证高频稳定性。VD_1、VD_2 是保护二极管，防止输出电压峰值损坏集成块

TDA2030。

由于 TDA2030 输出功率较大，因此要加散热器。而 TDA2030 的负电源引脚（3 脚）与散热器相连，所以在装散热器时，要注意散热器不能与其他元器件相接触。

 ## 学习任务 3　报警电路的安装与调试

一、原理分析

断线报警电路如图 5-22 所示。

1．电路组成

本任务所制作的断线报警器电路由桥式检测电路和音响报警电路组成，如图 5-22 所示，电阻器 R_5、R_6、R_{10} 和电容器 C_1、C_2 组成桥式检测电路，运放 IC 内部的 N_1、N_2、开关二极管 VD、电阻器 R_7、R_8、R_9、电容器 C_3、C_4、扬声器 BL 组成音响报警电路。

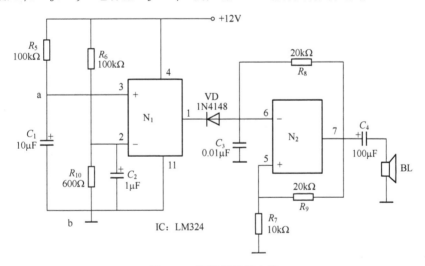

图 5-22　断线报警器电路

2．工作原理

电路的 a、b 两端用细导线 W（如漆包线）连接，导线的长度可根据监防的范围而定。当 a、b 之间用细导线短接时，N_1 的引脚 3（同相输入端）变为低电平，引脚 2（反相输入端）电位高于引脚 3 电位，引脚 1（输出端）为低电平，VD 导通，由 N_2 和外围阻容元器件构成的方波振荡器不振荡，BL 不发声，报警器处于监控状态。当 a、b 之间连接的细导线 W 被盗贼弄断时，N_1 的引脚 3 变为高电平，引脚 3 电位高于引脚 2 电位，引脚 1 由低电平变为高电平，VD 截止，方波振荡器振荡工作，BL 发出报警声。

二、电路安装

安装之前请不要急于动手，应先查阅相关的技术资料及说明，然后对照原理图，了解印制电路板、元器件清单，并分清各元器件，了解各元器件的特点、作用、功能，同时核对元器件数量。

元器件清单见表 5-3。

表 5-3　元器件清单

序号	名　称	符号	型　号	规　格	单位	数量
1	集成运放		LM324		块	1
2	开关二极管	VD	1N4148		个	1
3	电阻器	R_5、R_6		100kΩ	个	2
4	电阻器	R_7		10kΩ	个	1
5	电阻器	R_8、R_9		20kΩ	个	2
6	电阻器	R_{10}		600Ω	个	1
7	电容器	C_3	涤纶电容器	0.01μF	个	1
8	电容器	C_1	电解电容器	10μF/16V	个	1
9	电容器	C_2	电解电容器	1μF/16V	个	1
10	电容器	C_4	电解电容器	100μF/16V	个	1
11	扬声器	BL		0.25W/8Ω	个	1

三、通电调试

具体可参见工作页。

报警电路布线图如图 5-23 所示。报警电路安装实物如图 5-24 所示。

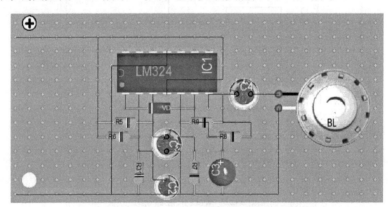

图 5-23　报警电路布线图

图 5-24　报警电路安装实物

 项目总结

1. 集成运放电路的两个重要概念：虚短和虚断。

2. 反相比例运算放大电路，输出电压与输入电压之间的关系为

$$u_o = -\frac{R_f}{R_1}u_i$$

3. 同相比例运算放大电路，输出电压与输入电压之间的关系为

$$u_o = \left(1 + \frac{R_f}{R_1}\right)u_i$$

4. 功放电路根据工作状态通常可分为甲类、乙类、甲乙类、丙类。

5. OCL、OTL 电路的结构及工作原理。

6. LM324 是一种通用型集成运放芯片。

练习与思考

一、填空题

1. 集成运放一般由_____、_____、_____和偏置电路四部分组成。

2. 理想集成运放输出级的输出电阻_____，带负载的能力_____。

3. 反相比例运算放大电路，输出电压与输入电压之间的关系为_____。

4. 同相比例运算放大电路，输出电压与输入电压之间的关系为_____。

5. 功放电路根据工作状态通常可分为_____、_____、_____、_____。

二、选择题

1. 集成运放能处理（   ）。

   A．交流信号　　　B．直流信号　　　C．交流和直流信号

2. 当集成运放线性工作时，有两条分析依据分别是（   ）、（   ）。

   A．$U_- \approx U_+$　　B．$I_- \approx I_+ \approx 0$　　C．$U_o = U_i$　　　　D．$A_u = 1$

3. 理想集成运放输入级的输入电阻（   ），从信号源获取能力的本领（   ）。

   A．大　　　　B．小　　　　C．强　　　　D．弱

4. LM386 是集成功率放大器，它可以使电压放大倍数在（   ）变化。

   A．0～20　　　B．20～200　　　C．200～1000

三、判断题

1. OTL 电路是单电源互补对称式功率放大电路。（   ）

2. 理想集成运放的同相输入端和反相输入端之间不存在"虚短"、"虚断"现象。（   ）

3. 基本的比例放大电路是一种基本非线性放大电路。（   ）

4. OCL 双电源互补对称式功率放大电路中出现交越失真是因为电路元器件故障造成的。
（   ）

四、综合题

1. 如图 5-25 所示，已知 $U_1 = 1V$、$U_2 = 2V$，求：

（1）U_{01}；（2）U_{02}。

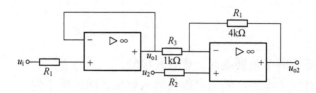

图 5-25 综合题 1 附图

2. 反相比例运算放大电路中，$R_1 = 5.1\text{k}\Omega$，$U_i = 0.2\text{V}$，$U_o = -3\text{V}$，求 R_{uf}。

3. 同相比例运算放大电路中，$R_{uf} = 100\text{k}\Omega$，$U_i = 0.1\text{V}$，$U_o = 2.1\text{V}$，求 R_1。

4. 请你设计一个利用语音报警电路 HCF5209 引脚 3 作为触发端，组成自动开门报警电路（提示：可以使用微动开关）。

项目 6 举重裁判电路的安装与调试

项目介绍

在日常生活中，常常会使用数码相机、数字电视、电子计算机等电子产品，这些电子产品采用的是数字电路，如图 6-1 所示。数字电路具有结构简单、工作稳定可靠、便于集成化等优点，随着信息时代的到来，数字化已成为当今时代的发展潮流。

举重裁判电路是采用数字电路制作而成的一种代表裁判判决结果的装置，如果裁判员判定运动员举重成功，就按下按钮，否则就不按，只有当主裁判和其中至少一名副裁判按下按钮时，LED 就亮，表明运动员举重成功。

图 6-1 数字电路的应用

学习目标

1. 能制订举重裁判电路制作的工作计划。
2. 能说出各种逻辑门电路的逻辑功能。
3. 能进行二—十进制数的转换和逻辑函数的转换。
4. 能化简逻辑函数和合理选用逻辑门电路。
5. 能分析组合逻辑电路。
6. 会识别和测试集成逻辑门电路。
7. 会按工艺要求安装举重裁判电路。
8. 能设计简单的数字电路。
9. 能撰写学习记录及小结。

建议课时：20 课时

学习活动建议

1. 教师根据"工作页"提前准备学习资源（包括学习资料、工具、材料、仪表等）。

2．学生根据"工作页"指引，通过查阅"相关知识"等资料完成学习。

3．学生及教师根据评价材料完成项目学习评价。

 相关知识

学习任务 1　集成运放的认识与应用

 基础知识

一、认识数字电路

1．模拟信号和数字信号

电子电路所处理的电信号可以分为两大类：一类是模拟信号，另一类是数字信号。

模拟信号是指在时间上和数值上都是连续变化的信号，如图 6-2（a）所示。例如，声音、温度、压力等物理量转换为连续变化的电流或电压，都是模拟信号。

数字信号是指在时间上和数值上都是不连续变化的信号，如图 6-2（b）所示。数字信号多以脉冲信号的形式出现，只有高、低两种电平，常用数字 1 表示高电平，用数字 0 表示低电平。

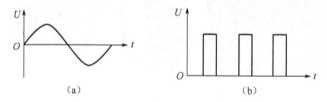

图 6-2　模拟信号和数字信号

2．模拟电路和数字电路

按照电子电路中工作信号的不同，通常把电路分为模拟电路和数字电路，我们把处理模拟信号的电路称为模拟电路，如直流稳压电源、各类放大电路等都属于模拟电路，如图 6-3（a）所示。把处理数字信号的电路称为数字电路，如我们将要学到的各类逻辑门电路、触发器、译码器和计数器等都属于数字电路，如图 6-3（b）所示。

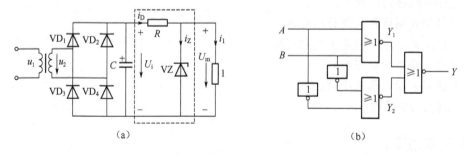

图 6-3　模拟电路和数字电路

3．脉冲信号

数字信号所处理的各种信号是脉冲信号，又称脉冲波。脉冲信号是指在短暂的时间内突然发生变化的电信号。常见的脉冲信号波形有矩形脉冲、锯齿脉冲和尖脉冲等，如图6-4所示。

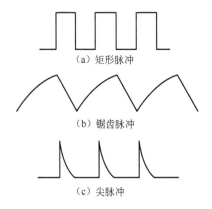

（a）矩形脉冲

（b）锯齿脉冲

（c）尖脉冲

图6-4 常见的脉冲波形

4．数字电路的特点

数字电路主要有以下几个特点。

（1） 数字电路主要研究数字信号的状态，数字信号基本上只有两种状态，即高电平状态和低电平状态，分别用0和1来表示。

（2）数字电路的分析方法重点在于研究数字电路的输入信号与输出信号之间的逻辑关系，所以又称逻辑电路。

（3）分析数字电路使用的主要工具是逻辑代数，描述电路逻辑功能的主要方法是真值表、逻辑函数表达式和波形图等。

（4）数字电路中的电子元器件通常工作在开关状态，电路结构简单，工作稳定可靠，抗干扰能力强，便于集成及系列化。

二、认识数制

1．数制

数制就是在进行计数时进位制的简称。人们习惯使用的是十进制数，十进制数有10个数码，可表示10种状态，在数字电路中，只要表示0和1两个基本状态，通常采用二进制数和十六进制数表示。

每一种进位计数都包含了两个基本因素：基数和位权。

基数是计数制中所用到的数码的个数。

位权是位的权数，简称权。数制中每一位数的大小都对应着该位上的数码乘上一个固定的数，这个固定的数就是这一位的权数。

2．十进制数

十进制数是人们使用最广泛的一种计数制，数字符号包含有 0～9 共 10 个不同的数码，常用大写字母 D 表示，通常记为（1835）$_D$ 或（1835）$_{10}$。

例如：（1835）$_{10}$ = $1×10^3+ 8×10^2+ 3×10^1+ 5×10^0$

从这个四位十进制数中可以发现十进制数的特点如下。

（1）基数是 10，因为有 10 个计数数码。

（2）数码是 0、1、2、3、4、5、6、7、8、9。

（3）权是以 10 为底的幂，依次为 10^3、10^2、10^1 和 10^0，幂的大小由所在的位数决定。

（4）计数规则是"逢十进一"，即 9+1 = 10。

3．二进制数

二进制数是数字电路中应用最广泛的一种计数制，它只有 0 和 1 两个数码，常用大写字母 B 表示，通常记为（10110101）$_B$ 或（10110101）$_2$。

例如：$(1011)_2 = 1×2^3 + 0×2^2 + 1×2^1 + 1×2^0$

二进制数的特点如下。

（1）基数是 2，只有两个数码。

（2）数码是 0、1。

（3）权是以 2 为底的幂。

（4）计数规则是"逢二进一"，即 1+1 = 10，读着"壹零"

三、数制的转换

1．二进制数转换成十进制数

将二进制数转换成十进制数的方法是：乘权相加法。

将二进制数按权展开，然后按十进制数加法规则求和，即可得到相对应的十进制数。

【例 6-1】 请将二进制数（10111）$_B$ 转换为十进制数。

【解】$(1011)_2 = 1×2^3 + 0×2^2 + 1×2^1 + 1×2^0 = (11)_{10}$

2．十进制数转换成二进制数

将十进制数转换成二进制数的方法是：除 2 取余倒排法。

将十进制数连除以 2，并依次记下余数，一直除到商为零，将每次得到的余数倒排，即先得的余数为二进制数的低位，后得的余数为二进制数的高位，即可得到相对应的二进制数。

【例 6-2】 请将十进制数 29 转换成二进制数。

所以 $(29)_{10} = (11101)_2$。

四、认识码制

用来表示文字、图像、符号等各种信息的多位二进制数的组合称为二进制数代码。

建立这种代码与信息之间的一一对应的关系称为编码。在编制代码时遵循的规则称为码制。

在数字电路中，通常利用 8421BCD 码描述电路的工作状态，并将运算结果直接用十进制数的方式输出显示。

利用四位二进制数来表示一位十进制数的编码方法，称为二—十进制码，又称 BCD 码。

BCD 码有多种形式，可以根据不同的规则，选出不同的 10 个代码来代表 0～9 这 10 个数字，常用的有 8421 码、5421 码、余 3 码，见表 6-1。

表 6-1　几种常用的二—十进制数码

十 进 制 数	8421 码	5421 码	余 3 码
0	0000	0000	0011
1	0001	0001	0100
2	0010	0010	0101
3	0011	0011	0110
4	0100	0100	0111
5	0101	1000	1000
6	0110	1001	1001
7	0111	1010	1010
8	1000	1011	1011
9	1001	1100	1100

8421BCD 从高位到低位的权为 2^3（8）、2^2（4）、2^1（2）、2^0（1），与四位二进制数的位权完全一样。用 8421BCD 码表示十进制数时，将十进制数的每个数码分别用对应的 8421BCD 代入即可。

【例 6-3】 请将数字 395 编写成 8421BCD 码。

【解】$(395)_{10} = (0011\ 1001\quad 0101)_{8421BCD}$

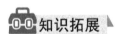

知识拓展

认识十六进制数

1．十六进制数

二进制数在数字电路中处理很方便，但当位数较多时，就显得太长了，比较难以书写和读取，为了减少位数，可将二进制数用十六进制数来表示。

十六进制数常用大写字母 H 表示，通常记为 $(3F)_H$ 或 $(3F)_{16}$。

十六进制数的特点如下。

（1）基数是 16，即有 16 个计数码。

（2）数码是 0、1、2、3、4、5、6、7、8、9、A、B、C、D、E、F，其中 10～15 分别用 A～F 表示。

（3）权是以 16 为底的幂。

（4）计数规则是"逢十六进一"。

例如，十六进制数 $(5BF)_{16} = 5 \times 16^2 + B \times 16^1 + F \times 10^0$
$$= 5 \times 16^2 + 11 \times 16^1 + 15 \times 10^0$$

表 6-2 给出了各进制数直接的对照表。

表6-2 各进制数的对照表

十进制数	二进制数	十六进制数	十进制数	二进制数	十六进制数
0	0000	0	8	1000	8
1	0001	1	9	1001	9
2	0010	2	10	1010	A
3	0011	3	11	1011	B
4	0100	4	12	1100	C
5	0101	5	13	1101	D
6	0110	6	14	1110	E
7	0111	7	15	1111	F

2．二进制数转换成十六进制数

将二进制数的整数部分自右边向左边每 4 位分为一组，最后不足 4 位的，用零补足；二进制数的小数部分自左边向右边每 4 位分为一组，最后不足 4 位的，用零补足；再把每 4 位二进制数对应的十六进制数写出即可。

【例6-4】 请将（100011111010）$_2$ 转换成十六进制数。

【解】 二进制数 1000 1111 1010 的十六进制数是（8FA）$_{16}$。

【例6-5】 请将（11110100100.1100100）$_2$ 转换成十六进制数。

【解】二进制数 0111　1010　0100.1100 1000 的十六进制数是（7A4.C8）$_{16}$。

3．十六进制数转换成二进制数

将每个十六进制数用 4 位二进制数表示，就得到相应的二进制数。

【例6-6】 请将（6B3A）$_{16}$ 转换成二进制数。

【解】（6B3A）$_{16}$ =（0110101100111010）$_2$

学习任务 2　逻辑门电路的认识与检测

基础知识

数字电路的最基本单元是逻辑门电路，所谓逻辑，就是指电路的输入信号和输出信号存在一定的因果关系，即逻辑关系。能实现一定逻辑功能的电路称为逻辑门电路。

基本逻辑门电路有与门、或门和非门电路。

复合逻辑门电路有与非门、或非门、与或非门和异或门电路等。

若规定高电平为 1，低电平为 0，则这种逻辑称为正逻辑，反之称为负逻辑。

一、认识基本逻辑门电路

1．与逻辑函数和与门电路

1）与逻辑函数表达式

只有当决定某一件事的所有条件都具备时，该事件才能发生，这种逻辑关系称为与逻辑关系。

如图 6-5 所示，把两个开关与同一个灯泡串联，一起接到电源上。不难发现，只有当两个开关都闭合时，灯泡才会亮，如果其中任何一个开关断开，灯泡都不会亮。因此灯亮和开关闭合之间的关系就是与逻辑关系。其逻辑函数表达为

$$Y = A \cdot B \qquad \text{或} \qquad Y = AB$$

读作 Y 等于 A 与 B。

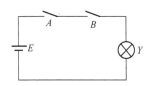

图 6-5　与逻辑关系

2）与逻辑真值表

如果规定开关闭合为 1，断开为 0；灯亮为 1，灯灭为 0，那么与逻辑关系可用表 6-3 表示，用 "1" 和 "0" 表示所有可能的条件组合，并将对应的结果依次列出来的表格称为真值表。与逻辑真值表见表 6-4。

表 6-3　与逻辑关系表

开关 A	开关 B	灯
断开	断开	灭
断开	闭合	灭
闭合	断开	灭
闭合	闭合	亮

表 6-4　与逻辑真值表

A	B	Y
0	0	0
0	1	0
1	0	0
1	1	1

3）与逻辑功能

从真值表和逻辑函数表达式可以看出，与门的逻辑功能是：输入全部为高电平时，输出才是高电平，否则为低电平，即 "有 0 出 0，全 1 出 1"。

4）与门逻辑符号

实现与逻辑关系的电路称为与门电路。如图 6-6 所示是与门逻辑符号，与门电路的输入端可以不止两个，但逻辑关系是一致的。

图 6-6　与门逻辑符号

2. 或逻辑函数和或门电路

1）或逻辑函数表达式

当决定某一结果的多个条件中，只要一个或一个以上的条件具备，该事件就会发生，这种逻辑关系称为或逻辑关系。

如图 6-7 所示，把两个开关并联，然后再与一个灯泡串联，一起接到电源上。不难发现：

只要其中一个开关闭合，灯泡都会亮，只有当两个开关同时断开时，灯泡才不会亮。因此灯亮和开关闭合之间的关系就是或逻辑关系。其逻辑函数表达式为

$$Y = A + B$$

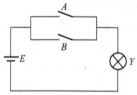

图 6-7　或逻辑关系

读作 Y 等于 A 或 B。

2）或逻辑真值表

如果规定开关闭合为 1，断开为 0；灯亮为 1，灯灭为 0，那么或逻辑关系可用表 6-5 表示。或逻辑真值表见表 6-6。

表 6-5　或逻辑关系表

开关 A	开关 B	灯
断开	断开	灭
断开	闭合	亮
闭合	断开	亮
闭合	闭合	亮

表 6-6　或逻辑真值表

A	B	Y
0	0	0
0	1	1
1	0	1
1	1	1

3）或逻辑功能

从真值表和逻辑函数表达式可以看出，或门的逻辑功能是：输入有一个或一个以上为高电平时，输出就是高电平；输入全为低电平时，输出才是低电平。即"有 1 出 1，全 0 出 0"。

4）或门逻辑符号

实现或逻辑关系的电路称为或门电路。如图 6-8 所示是或门逻辑符号，或门电路的输入端可以不止两个，但逻辑关系是一致的。

图 6-8　或门逻辑符号

3．非逻辑函数和非门电路

1）非逻辑函数表达式

事情的结果和条件总是呈相反状态，当条件不成立时，结果就会发生，条件成立时结果反而不会发生，这种逻辑关系成为非逻辑关系。

如图 6-9 所示，把一个开关和一个灯泡并联，一起接到电源上。不难发现，只要开关闭合，灯泡就不亮，当开关断开时，灯泡就会亮。因此，灯亮和开关闭合之间的关系为非逻辑关系。其逻辑函数表达式为

$$Y = \overline{A}$$

读作 Y 等于 A 非或 Y 等于 A 反。

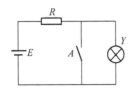

图 6-9　非逻辑关系

2）非逻辑真值表

如果规定开关闭合为 1，断开为 0；灯亮为 1，灯灭为 0，那么非逻辑关系可用表 6-7 表示。非逻辑关系的真值表见表 6-8。

表 6-7　非逻辑关系表

开关 A	灯
断开	亮
闭合	灭

表 6-8　非逻辑真值表

A	Y
0	1
1	0

3）非逻辑功能

从真值表和逻辑函数表达式可以看出，非门的逻辑功能是：输入是低电平时，输出就是高电平；输入是高电平时，输出就是低电平。即"有 0 出 1，有 1 出 0"。

4）非门逻辑符号

实现非逻辑关系的电路称为非门电路，非门又称反相器，只有一个输入端和一个输出端。非门逻辑符号如图 6-10 所示。

图 6-10　非门逻辑符号

三种基本逻辑门电路对照表见表 6-9。

表 6-9　三种基本逻辑门电路对照表

逻辑门名称	表　达　式	逻 辑 符 号	逻 辑 功 能
与门	$Y = AB$		有 0 出 0，全 1 出 1
或门	$Y = A + B$		有 1 出 1，全 0 出 0
非门	$Y = \overline{A}$		有 0 出 1，有 1 出 0

二、认识复合逻辑门

上述三种门电路是基本门电路，将它们进行适当的组合就构成复合门电路。常用的复合逻辑门电路有与非门和或非门等。

1．与非门

在与门的后面串接一个非门就构成与非门，其逻辑结构和逻辑符号如图 6-11 所示。

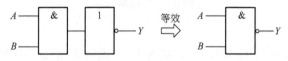

图 6-11　与非门逻辑结构和逻辑符号

与非门真值表见表 6-10。

表 6-10　与非门真值表

A	B	Y
0	0	1
0	1	1
1	0	1
1	1	0

与非门的逻辑函数表达式为

$$Y = \overline{AB}$$

由真值表和逻辑函数表达式可知，与非门的逻辑功能为"有 0 出 1，全 1 出 0"

2．或非门

在或门的后面串接一个非门就构成或非，其逻辑结构和逻辑符号如图 6-12 所示。

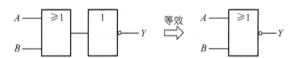

图 6-12　或非门逻辑结构和逻辑符号

或非门真值表见表 6-11。

表 6-11　或非门真值表

A	B	Y
0	0	1
0	1	0
1	0	0
1	1	0

其逻辑逻辑函数表达式为

$$Y = \overline{A + B}$$

由真值表和逻辑函数表达式可知，或非门的逻辑功能为"有 1 出 0，全 0 出 1"。

3. 与或非门

一般由两个或多个与门和一个或门，再和一个非门串联组成，其逻辑结构和逻辑符号如图 6-13 所示。

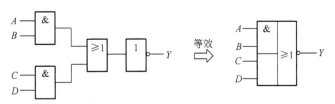

图 6-13 与或非门逻辑结构和逻辑符号

与或非门真值表见表 6-12。

表 6-12 与或非门真值表

A	B	C	D	Y
0	0	0	0	1
0	0	0	1	1
0	0	1	0	1
0	0	1	1	0
0	1	0	0	1
0	1	0	1	1
0	1	1	0	1
0	1	1	1	0
1	0	0	0	1
1	0	0	1	1
1	0	1	0	1
1	0	1	1	0
1	1	0	0	0
1	1	0	1	0
1	1	1	0	0
1	1	1	1	0

其逻辑逻辑函数表达式为

$$Y = \overline{AB + CD}$$

由真值表和逻辑函数表达式可知，与或非门的逻辑功能为任何一组"全 1 出 0，有 0 出 1"。

4. 异或门

异或门由两个与门、两个非门及一个或门组成，其逻辑结构和逻辑符号如 6-14 所示。

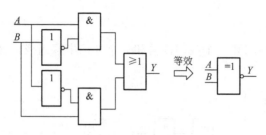

图 6-14　异或门逻辑结构和逻辑符号

异或门真值表见表 6-13。

表 6-13　异或门真值表

A	B	Y
0	0	0
0	1	1
1	0	1
1	1	0

其逻辑函数表达式为

$$Y = A\overline{B} + \overline{A}B$$

通常简写成 $Y = A \oplus B$。

由真值表和逻辑函数表达式可知，异或门的逻辑功能为"相同出 0，不同出 1"。

常用复合逻辑门电路对照表见表 6-14。

表 6-14　常用复合逻辑门电路对照表

逻辑门名称	表　达　式	逻　辑　符　号	逻　辑　功　能
与非门	$Y = \overline{AB}$		有 0 出 1，全 1 出 0
或非门	$Y = \overline{A+B}$		有 1 出 0，全 0 出 1
与或非门	$Y = \overline{AB+CD}$		任何一组 全 1 出 0，有 0 出 1
异或门	$Y = A \oplus B$		相同出 0，不同出 1

三、集成逻辑门电路

集成逻辑门电路是将逻辑电路的元器件和连线都制作在一块半导体基片上，最常用的集成逻辑门电路有 TTL 逻辑门电路和 CMOS 逻辑门电路两大系列。

1. TTL 逻辑门电路

TTL 集成逻辑门电路是晶体管—晶体管集成逻辑门电路的简称，它的输入端和输出端都由晶体管构成。TTL 与非门典型的内部结构如图 6-15 所示。

图 6-15 中，V_1 为多发射极晶体管，V_2 为中间放大级，V_3、V_4、V_5 为输出级，A、B、C 为信号输入端，Y 为信号输出端。

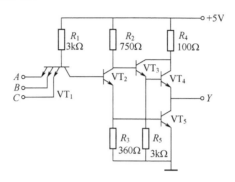

图 6-15 TTL 与非门的内部结构

TTL 集成逻辑门电路分为 CT54 系列和 CT74 系列两大类，其子系列分别是：CT54/74 为标准系列、CT54H/74H 为高速系列、CT54S/74S 为肖特基系列、CT54LS/74LS 为低功耗系列等。

1）TTL 与非门

TTL 与非门具有广泛的用途，利用它可以组成很多不同逻辑功能的电路，74LS00 是典型的与非门器件，内部含有 4 个二输入端独立的与非门，外有 14 个引脚，其外形如图 6-16 所示，其内部结构如图 6-17 所示，A、B 为各与非门的输入端，Y 为输出端，用数字 1、2、3、4 来区分不同的与非门，电源端和接地端是公用的。

图 6-16 74LS00 外形

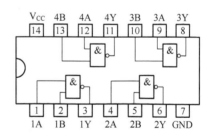

图 6-17 74LS00 内部结构

每个集成电路都有定位标志，用来确定脚码为 1 的引脚。通常将文字面向自己，引脚朝外，有标记的一方朝左边，左下方第一只引脚为 1，逆时针方向排序，就可以得到引脚的编号。

常用的与非门电路还有 74LS10 和 74LS20。74LS10 是三三输入与非门，74LS20 是四二输入与非门，其内部结构如图 6-18 和图 6-19 所示。

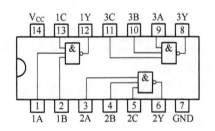

图 6-18　74LS10 内部结构

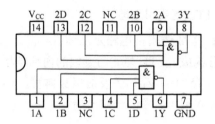

图 6-19　74LS20 内部结构

2）TTL 或非门

74LS02 是四二输入或非门，其内部结构如图 6-20 所示。

3）TTL 非门

74LS04 是六非门电路，又称反相器，其内部结构如图 6-21 所示。

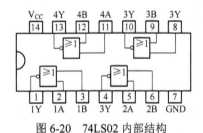

图 6-20　74LS02 内部结构

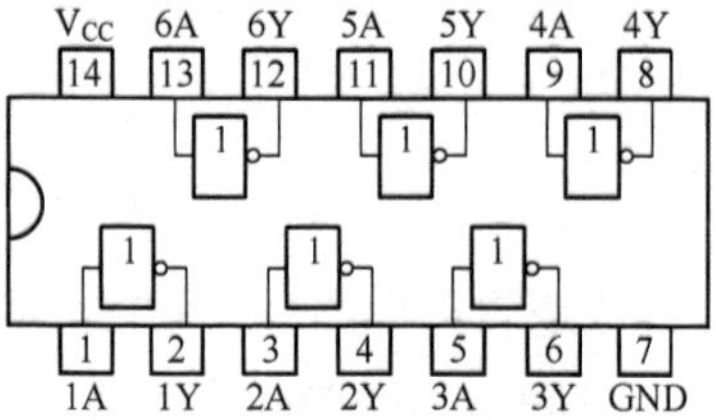

图 6-21　74LS04 内部结构

2．CMOS 门电路

MOS 集成逻辑门电路是采用场效应晶体管组成的集成电路，根据 MOS 的不同，又分为 PMOS 电路、NMOS 电路两大类，CMOS 是由 PMOS 和 NMOS 组成的互补对称型逻辑门电路。

CMOS 数字集成电路主要有两个系列：CC4000 系列和高速 CMOS（HCMOS）系列。

1）或非门

CD4001 是四二输入或非门，其外形如图 6-22 所示，其内部结构如图 6-23 所示。

图 6-22　CD4001 外形

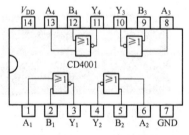

图 6-23 CD4001 内部结构

常用的或非门还有 CD4000 和 CD4002，CD4000 是双三输入或非门，CD4002 是双四输入或非门。

2）与非门

常用的与非门电路有 CD4011 和 CD4012，CD4011 是四二输入与非门，CD4012 是双四输入非门。

3）非门

常用的非门是 CD4069，CD4069 又称为六反相器。

知识拓展

一、TTL 集成电路型号

按照现行国家标准规定，TTL 集成电路的型号由 5 个部分构成，现以 CT74LS00CP 为例说明型号意义。

| C | T | 74LS00 | C | P |

第一部分：用字母 C 表示符合中国国家标准。

第二部分：表示元器件的类型，T 代表 TTL 电路。

第三部分：表示是元器件系列和品种代号。74 表示国际通用的 74 系列，54 表示军用的 54 系列；LS 表示低功耗肖特基系列；00 为品质代号。

第四部分：用字母表示元器件工作温度。C 为 0～70℃，G 为-25～70℃，L 为-25～85℃，E 为-40～85℃，R 为-55～85℃。

第五部分：用字母表示元器件封装。P 表示塑封双列直插式，J 为黑瓷封装。

二、CMOS 集成电路型号

按照现行国家标准规定，CMOS 集成电路的型号也是由五个部分构成，现以 CC4066EJ 为例说明型号意义。

| C | C | 4066 | E | J |

第一部分：用字母 C 表示符合中国国家标准。

第二部分：表示元器件的类型 C 代表 CMOS 电路。

第三部分：表示元器件系列和品种代号。4066 表示该集成电路为 4000 系列四双向开关电路。

第四部分：用字母表示元器件工作温度。

第五部分：用字母表示元器件封装。

三、TTL 门电路使用注意事项

（1）TTL 集成电路对电源电压要求较高，一般在 4.75～5.25V 的范围内。

（2）TTL 集成电路电源的正、负极性不允许接错，否则可能造成元器件的损坏。

（3）在电源接通的情况下，不可插拔集成电路，以免电流冲击造成永久损坏。

（4）TTL 集成电路的输入端不能直接与高于 5.5V 或低于-0.5V 的低内阻电源连接，否则会损坏元器件。

（5）TTL 集成电路的输出端不允许直接电源或接地，必须通过电阻连接。

（6）TTL 集成电路多余的输入端不能悬空，其中与非门多余的端应接高电平，或门和或非门多余的应接地。

四、CMOS 门电路使用注意事项

（1）CMOS 集成电路的工作电源较宽，一般为 3～18V，通常用 5V 电源，电源电压的极性不能接反。

（2）要用防静电的材料存放 CMOS 集成电路，在组装和调试时，工作台、电烙铁和仪器

仪表要良好接地。

（3）在电源接通的情况下，不可插拔集成电路，以免电流冲击造成永久损坏。

（4）CMOS 集成电路的输出端不允许直接电源或接地，必须通过电阻连接。

（5）COMS 集成电路多余的输入端不能悬空，其中与门和与非门多余的输入端应接高电平，或门和或非门多余的输入端应接地或低电平。

（6）COMS 集成电路会随着工作频率的升高而导致动态功耗的增加，比较适合工作频率较低的场合。

学习任务3 基本逻辑运算及化简

一般情况下，逻辑表达式应该表示成最简的形式，其次，为了实现逻辑式的逻辑关系，可以采用不同的具体电路形式，这样就要对逻辑式进行化简，化简的方法有公式法和卡诺图法。

一、认识逻辑代数和公式法化简

1．逻辑代数

逻辑代数是研究逻辑电路的数学工具，它与普通代数类似，只不过逻辑代数的变量只有 0 和 1 两种取值，代表两种相反的逻辑关系。

1）逻辑代数的运算规则

逻辑代数基本运算只有与、或、非三种。

与运算规则：$0 \cdot 0 = 0$　$0 \cdot 1 = 0$　$1 \cdot 0 = 0$　$1 \cdot 1 = 1$。

或运算规则：$0 + 0 = 0$　$0 + 1 = 1$　$1 + 0 = 1$　$1 + 1 = 1$。

非运算法则：$\overline{1} = 0$　$\overline{0} = 1$。

2）逻辑代数的基本公式（见表6-15）

表6-15

名　称	与运算	或运算
0-1 律	$A \cdot 0 = 0$	$A + 0 = A$
	$A \cdot 1 = A$	$A + 1 = 1$
重叠律	$A \cdot A = A$	$A + A = A$
互补律	$A \cdot \overline{A} = 0$	$A + \overline{A} = 1$
还原律	$\overline{\overline{A}} = A$	
交换律	$AB = BA$	$A + B = B + A$
结合律	$A(BC) = (AB)C$	$A + (B+C) = (A+B) + C$
分配律	$A(B+C) = AB + AC$	$A + BC = (A+B)(A+C)$
吸收律	$A(A+B) = A$	$A + AB = A$
	$A(\overline{A} + B) = AB$	$A + \overline{A}B = A + B$
反演律	$\overline{AB} = \overline{A} + \overline{B}$	$\overline{A + B} = \overline{AB}$

2．公式化简法

公式化简法就是运用逻辑代数的运算规则、基本公式和定律来化简逻辑函数。利用公式化简法常采用以下方法。

（1）并项法：利用 $A + \bar{A} = 1$ 将两项合并成一项，并消除一个变量。

【例 6-7】 请化简逻辑函数 $Y = ABC + AB\bar{C} + A\bar{B}$ 。

【解】 $Y = ABC + AB\bar{C} + A\bar{B}$

$\qquad = AB(C + \bar{C}) + A\bar{B}$

$\qquad = AB + A\bar{B}$

$\qquad = A(B + \bar{B})$

$\qquad = A$

（2）吸收法：利用 $A + AB = A$ 吸收多余的项。

【例 6-8】 请化简逻辑函数 $Y = \bar{A}B + \bar{A}B\bar{C}$ 。

【解】 $Y = \bar{A}B + \bar{A}B\bar{C}$

$\qquad = \bar{A}B$

（3）消去法： 利用 $A + \bar{A}B = A + B$ 消除多余因子。

【例 6-9】 请化简逻辑函数 $Y = AB + \bar{A}C + \bar{B}C$ 。

【解】 $Y = AB + \bar{A}C + \bar{B}C$

$\qquad = AB + (\bar{A} + \bar{B})C$

$\qquad = AB + \overline{AB}C$

$\qquad = AB + C$

（4）配项法：利用公式 $A + \bar{A} = 1$ 给某函数配上适当的项。

【例 6-10】 请化简逻辑函数 $Y = A\bar{B} + B + \bar{A}B$

【解】 $Y = A\bar{B} + B + \bar{A}B$

$\qquad = A\bar{B} + (A + \bar{A})B + \bar{A}B$

$\qquad = A\bar{B} + AB + \bar{A}B + \bar{A}B$

$\qquad = A(B + \bar{B}) + B(A + \bar{A})$

$\qquad = A + B$

公式法化简的过程就是仔细观察组成函数乘积项的特点，把一些乘积项有效地结合起来，利用基本公式和常用公式达到化简的目的。

 知识拓展

认识卡诺图和卡诺图化简

1．卡诺图

卡诺图是由许多个小方块组成的阵列图，一个小方块代表一个最小项，最小项的排列顺序具有几何位置相邻与逻辑相邻一致的特点。

如图 6-24（a）所示是二变量卡诺图，如图 6-24（b）所示是三变量卡诺图，如图 6-24（c）所示是四变量卡诺图。

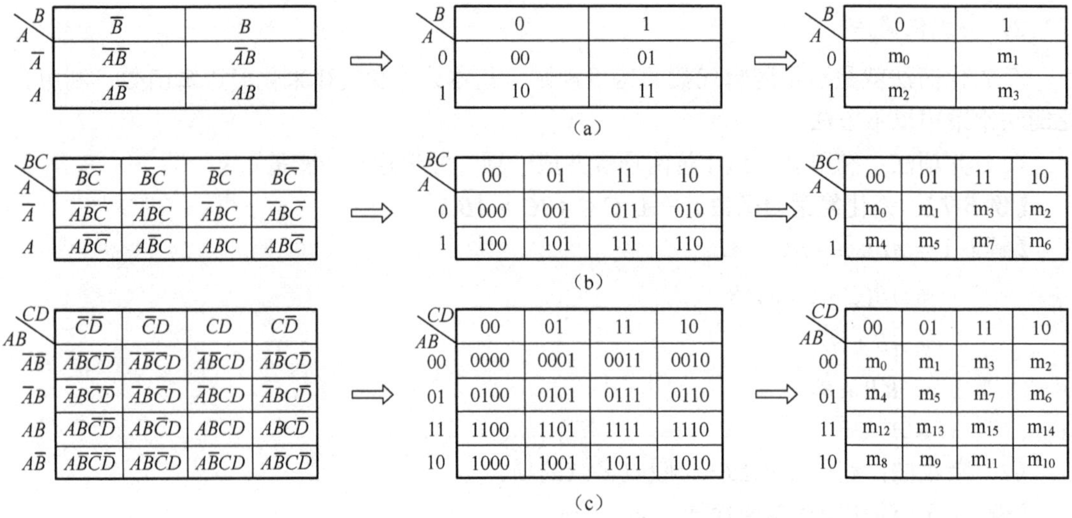

图6-24 (a)

A\B	$\bar{B}$	B
$\bar{A}$	$\bar{A}\bar{B}$	$\bar{A}B$
A	$A\bar{B}$	AB

$\Rightarrow$

A\B	0	1
0	00	01
1	10	11

$\Rightarrow$

A\B	0	1
0	m_0	m_1
1	m_2	m_3

(a)

图6-24 (b)

A\BC	$\bar{B}\bar{C}$	$\bar{B}C$	BC	$B\bar{C}$
$\bar{A}$	$\bar{A}\bar{B}\bar{C}$	$\bar{A}\bar{B}C$	$\bar{A}BC$	$\bar{A}B\bar{C}$
A	$A\bar{B}\bar{C}$	$A\bar{B}C$	ABC	$AB\bar{C}$

$\Rightarrow$

A\BC	00	01	11	10
0	000	001	011	010
1	100	101	111	110

$\Rightarrow$

A\BC	00	01	11	10
0	m_0	m_1	m_3	m_2
1	m_4	m_5	m_7	m_6

(b)

图6-24 (c)

AB\CD	$\bar{C}\bar{D}$	$\bar{C}D$	CD	$C\bar{D}$
$\bar{A}\bar{B}$	$\bar{A}\bar{B}\bar{C}\bar{D}$	$\bar{A}\bar{B}\bar{C}D$	$\bar{A}\bar{B}CD$	$\bar{A}\bar{B}C\bar{D}$
$\bar{A}B$	$\bar{A}B\bar{C}\bar{D}$	$\bar{A}B\bar{C}D$	$\bar{A}BCD$	$\bar{A}BC\bar{D}$
AB	$AB\bar{C}\bar{D}$	$AB\bar{C}D$	$ABCD$	$ABC\bar{D}$
$A\bar{B}$	$A\bar{B}\bar{C}\bar{D}$	$A\bar{B}\bar{C}D$	$A\bar{B}CD$	$A\bar{B}C\bar{D}$

$\Rightarrow$

AB\CD	00	01	11	10
00	0000	0001	0011	0010
01	0100	0101	0111	0110
11	1100	1101	1111	1110
10	1000	1001	1011	1010

$\Rightarrow$

AB\CD	00	01	11	10
00	m_0	m_1	m_3	m_2
01	m_4	m_5	m_7	m_6
11	m_{12}	m_{13}	m_{15}	m_{14}
10	m_8	m_9	m_{11}	m_{10}

(c)

图6-24 卡诺图

为了便于使用卡诺图，常将最小项进行编号。例如，$\bar{A}B\bar{C}$ 对应变量的取值为 100，对应十进制数中的 4，故把 $\bar{A}B\bar{C}$ 记作 m_4。

对于 n 个变量的函数，就有 2^n 个最小项。例如，二变量 A、B 的逻辑函数最多可有 4 个最小项，分别是 $\bar{A}\bar{B}$、$\bar{A}B$、$A\bar{B}$、AB。每对相邻小方格相比较时，仅有一个变量互为反变量，其他的变量都相同，这称为逻辑相邻。

2. 逻辑函数的卡诺图

1）逻辑函数的卡诺图

如果在 n 变量卡诺图的每个小方块都填入某函数的值，则称这个图为该函数的卡诺图。如图 6-25 所示，是逻辑函数 $Y = ABC + \bar{A}\bar{B}\bar{C} + A\bar{B}\bar{C} + \bar{A}\bar{B}C$ 的卡诺图。

A\BC	00	01	11	10
0		1		
1	1	1	1	

图6-25 逻辑函数的卡诺图

2）逻辑函数的卡诺图画法

（1）根据逻辑函数变量的个数画出相应的卡诺图。

（2）将逻辑函数化为最小项之和的形式。

（3）在卡诺图与最小项对应的位置上填入 1，其余位置填 0 或不填。

3）合并最小项的规律

（1）两个逻辑相邻的最小项可以合并成一项，消去一个因子，如图 6-26 所示。

$$\bar{A}\bar{B}C + \bar{A}B C = \bar{A}B \qquad AB\bar{C} + \bar{A}B\bar{C} = B\bar{C}$$

不难发现，合并的结果就是保留相同变量，消除它们的不同部分。

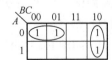

A\BC	00	01	11	10
0	1	1		1
1				1

图6-26 两个最小项的合并

（2）4 个逻辑相邻的最小项可以合并成一项，消去两个因子，如图 6-27 所示。

$$Y = \overline{ABCD} + \overline{AB}C\overline{D} + AB\overline{CD} + A\overline{B}C\overline{D} = C\overline{D}$$

（3）8 个逻辑相邻的最小项可以合并成一项，消去 3 个因子，如图 6-28 所示。

$$Y = \overline{AB}\overline{CD} + \overline{AB}\overline{C}D + \overline{AB}CD + \overline{AB}C\overline{D} + AB\overline{CD} + AB\overline{C}D + ABCD + ABC\overline{D} = B$$

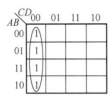
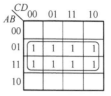

图 6-27　4 个最小项的合并　　　　　图 6-28　8 个最小项的合并

3．卡诺图化简法

（1）根据逻辑变量的个数画出逻辑函数的卡诺图，并标出最小项。

（2）根据合并最小项的规律，进行最小项合并。

（3）写出最简的函数表达式。

【例 6-11】　用卡诺图化简函数 $Y = \overline{B}CD + B\overline{C} + \overline{A}CD + A\overline{B}C$ 。

【解】① 画出函数卡诺图。

分析逻辑函数表达式可发现该函数有 4 个变量，分别是 A、B、C、D，故要画出四变量的卡诺图，并在图中标出最小项，如图 6-29 所示。

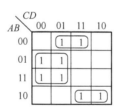

图 6-29　例 6-11 卡诺图

② 合并最小项。

根据合并最小项的规律，把可以合并的最小项分别在卡诺图中圈出来并合并。

③ 写出最简单与或表达式：

$$Y = B\overline{C} + \overline{A}\,\overline{B}D + A\overline{B}C$$

利用卡诺图可以直观而方便地化简逻辑函数，克服了公式化简法对最终化简结果难以确定等缺点。

二、逻辑函数的转换

一个逻辑函数可以分别用逻辑表达式、真值表和逻辑图来表示，因此它们之间可以相互转换。

真值表就是将各个变量取真值的各种可能组合列出来，得到对应的逻辑函数真值表。

逻辑图是由基本逻辑门或复合逻辑门等逻辑符号及它们之间的连线构成的图形。

1. 逻辑函数与真值表的互换

1）由逻辑函数式列出真值表

由逻辑函数式列真值表的方法是：先根据逻辑函数的变量确定真值表的形式，然后将各个变量列出来，再将真值代入函数式，计算出其函数值，即得到该逻辑函数的真值表。

【例 6-12】 请列出逻辑函数 $Y = AB + \overline{A}\,\overline{B}$ 的真值表。

【解】从逻辑函数式中可以看出以下几点。

① 该函数有两个输入变量 A、B 和一个输出变量 Y。

② 对应的输入变量分别是 00、01、10、11。

③ 将真值代入函数式，计算出函数值，即可得到真值表，见表 6-16。

表 6-16　例 6-12 的真值表

A	B	Y
0	0	1
0	1	0
1	0	0
1	1	1

2）由真值表写出逻辑函数式

由真值表写出逻辑函数式的方法是：首先将真值表中函数值为 1 的真值组合找出来，在每一组合中，将取值为 0 的变量写成反变量的形式，取值为 1 的变量写成原变量形式，得到一个乘积项，把这些项相加即得到逻辑函数表达式。

【例 6-13】 请写出真值表 6-17 所示的逻辑函数表达式。

表 6-17　例 6-13 的真值表

A	B	C	Y
0	0	0	0
0	0	1	1
0	1	0	1
0	1	1	0
1	0	0	0
1	0	1	1
1	1	0	0
1	1	1	1

【解】从真值表中可以看出以下几点。

① 有 4 个真值组合使函数值为 1，分别是 001、010、101、111。

② 将取值为 0 的项写成反变量的形式，取值为 1 的项写成原变量形式，即

③ 把这些项相加：$\overline{A}\,\overline{B}C$　$\overline{A}B\overline{C}$　$A\overline{B}C$　ABC

$$Y = \overline{A}\,\overline{B}C + \overline{A}B\overline{C} + A\overline{B}C + ABC$$

2．逻辑图与逻辑函数式的互换

1）由逻辑图写出逻辑函数式

由逻辑图写出逻辑函数式的方法是：从输入端着手，根据逻辑符号逐级写出各级输出端的逻辑函数式，最后得到该逻辑图所表达的逻辑函数。

【例 6-14】 写出图 6-30 所示逻辑图的逻辑表达式。

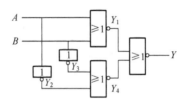

图 6-30 例 6-14 的逻辑图

【解】 分析逻辑图可发现以下几点。

该逻辑图分别有两个非门、3 个或非门。

① 输入端分别有一个或非门和两个非门，输入信号分别是 A 和 B，输出端有 Y_1、Y_2、Y_3，根据逻辑函数符号可写出逻辑表达式：

$$Y_1 = \overline{A+B} \qquad Y_2 = \overline{A} \qquad Y_3 = \overline{B}$$

② 第二级是一个或非门，输入信号分别是 Y_2 和 Y_3 即 $\overline{A}$ 和 $\overline{B}$，输出端是 Y_4，根据逻辑符号写出逻辑表达式：

$$Y_4 = \overline{\overline{A}+\overline{B}}$$

③ 输出级是一个或非门，输入信号分别是 Y_1 和 Y_4，根据逻辑符号写出逻辑函数表达式：

$$Y = \overline{\overline{A+B}+\overline{\overline{A}+\overline{B}}} = \overline{\overline{AB}+\overline{\overline{A}\,\overline{B}}} = A \oplus B$$

2）由逻辑函数式画出逻辑图

由逻辑函数式画出逻辑图的方法是：首先将表达式中的基本逻辑运算用相应的逻辑符号表示，并将它们按运算的先后顺序连接起来，画出逻辑图。

【例 6-15】 列出逻辑函数 $Y = AB + AC$ 的逻辑图。

【解】 从逻辑函数表达式中可以发现以下几点。

① 该逻辑函数由两个与门和一个或门构成，其中一个与门的输入信号分别是 A 和 B，另一个与门的输入信号分别是 A 和 C。输出端是一个或门。

② 分别将它们用与门和或门的逻辑符号表示。

③ 按运算的先后顺序把它们连接起来，得出如图 6-31 所示的逻辑图。

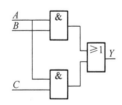

图 6-31 例 6-15 的逻辑图

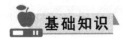学习任务4 组合逻辑电路的认识与分析

基础知识

数字电路可分为组合逻辑电路和时序逻辑电路，它们的主要区别如下。

组合逻辑电路在任一时刻的输出仅取决于该时刻电路的输入，而与电路过去的输入状态无关；时序逻辑电路在任一时刻的输出不仅取决于该时刻电路的输入，而且还取决于电路原来的状态，或者说与电路过去的输入及输出也有关系。

一、认识组合逻辑电路

1．组合逻辑电路的特点

组合逻辑电路由若干个基本逻辑门电路和复合逻辑门电路组成，它的输入端可以有一个或多个输入变量，输出端也可以有一个或多个逻辑函数，是一种非记忆性逻辑电路，即电路的输出状态仅取决于该时刻的输入状态，而与电路原来的状态无关，如图 6-32 所示，银行取款机、电子密码锁都是采用组合逻辑电路。

图 6-32 组合逻辑电路实例

2．组合逻辑电路的分析方法

组合逻辑电路的分析方法如图 6-33 所示。分析组合逻辑电路即由已知的逻辑图，逐级写出逻辑函数表达式，并通过逻辑代数公式法或卡诺图法化简，然后列出真值表，最后根据真值表或逻辑函数表达式确定电路的逻辑功能。

逻辑电路图 → 逻辑表达式 → 最简表达式 → 真值表 → 确定逻辑功能

图 6-33 组合逻辑电路的分析方法

二、常见组合逻辑电路

组合逻辑电路应用十分广泛，常见的基本组合逻辑电路有编码器、译码器、数据选择器、数据分配器和加法器等，本任务主要认识编码器和译码器。

1. 编码器

在二进制运算系统中，每一位二进制数只有 0 和 1 两个数码，只能表达两个不同的信号或信息。如果要用二进制数码表示更多的信号，就必须采用多位二进制数，并按照一定的规律进行编排。

把若干个 0 和 1 按一定的规律编排在一起，组成不同的代码，并且赋予每个代码以固定的含意，这就称为编码，能完成上述编码功能的逻辑电路称为编码器。

1）二进制编码器

将所需信号编为二进制代码的电路称为二进制编码器。一位二进制代码可以表示两个信号，两位二进制代码有 00、01、10、11 四种组合，因而可以表示 4 个信号。以此类推，用 n 位二进制代码，则有 2^n 种数码组合，可以表达 2^n 个不同的信号。反之，要表示 n 个信息所需的二进制代码应满足 $2^n \geq n$。

3 位二进制编码器示意图如图 6-34 所示。

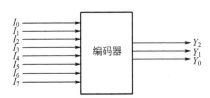

图 6-34　3 位二进制编码器示意图

$I_0 \sim I_7$ 是编码器的 8 路输入，分别代表十进制数 $0 \sim 7$ 的 8 个数字或 8 个要区分的不同信号；Y_0、Y_1、Y_2 是编码器的 3 个输出。假设任何时刻这 8 个输入都只有一个有效（设定为逻辑"1"），由此可得其真值表见表 6-18。

表 6-18　3 位二进制编码器真值表

十进制数	输 入								输 出		
	I_7	I_6	I_5	I_4	I_3	I_2	I_1	I_0	Y_2	Y_1	Y_0
0	0	0	0	0	0	0	0	1	0	0	0
1	0	0	0	0	0	0	1	0	0	0	1
2	0	0	0	0	0	1	0	0	0	1	0
3	0	0	0	0	1	0	0	0	0	1	1
4	0	0	0	1	0	0	0	0	1	0	0
5	0	0	1	0	0	0	0	0	1	0	1
6	0	1	0	0	0	0	0	0	1	1	0
7	1	0	0	0	0	0	0	0	1	1	1

根据真值表可得出各输出的逻辑表达式：

$$Y_2 = I_4 + I_5 + I_6 + I_7$$
$$Y_1 = I_2 + I_3 + I_6 + I_7$$
$$Y_0 = I_1 + I_3 + I_5 + I_7$$

由上述逻辑表达式可得到由 3 个或门构成的 3 位二进制编码器逻辑图，如图 6-35 所示。

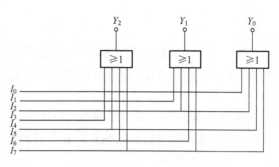

图 6-35　3 位二进制编码器逻辑图

2）二—十进制编码器

将 0～9 这 10 个十进制数编成二进制代码的电路，称为二—十进制编码器，又称 10 线—4 线编码器。

二—十进制代码也简称为 BCD（Binary Coded Decimal）码，最常见的二—十进制编码器是 8421BCD 码编码器。其真值表见表 6-19。8421BCD 编码器逻辑图如图 6-36 所示。

表 6-19　8421BCD 编码器真值表

十进制数字	输　入	输出（8421 码）			
		Y_3	Y_2	Y_1	Y_0
0	I_0	0	0	0	0
1	I_1	0	0	0	1
2	I_2	0	0	1	0
3	I_3	0	0	1	1
4	I_4	0	1	0	0
5	I_5	0	1	0	1
6	I_6	0	1	1	0
7	I_7	0	1	1	1
8	I_8	1	0	0	0
9	I_9	1	0	0	1

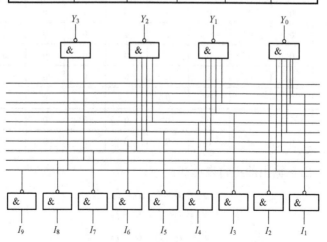

图 6-36　8421BCD 编码器与非门逻辑电路图

3）优先编码器

前面讨论的编码器中，当输入端有两个或两个以上信号同时有效的情况下，输出端就会产生错误的编码。为了解决这一问题，可采用优先编码器。

优先编码器是指该电路可允许两个或两个以上输入信号同时有效，但电路只对其中优先级别高的信号进行编码，而对其他优先级别低的信号不予理睬。

图 6-37 为集成 8 线—3 线优先编码器 74LS148 的引脚排列图，各引脚功能如下。

$\overline{I_0} \sim \overline{I_7}$：输入端，$\overline{I_7}$ 优先权最高，其余依次为 $\overline{I_6}$、$\overline{I_5}$、$\overline{I_4}$、$\overline{I_3}$、$\overline{I_2}$、$\overline{I_1}$、$\overline{I_0}$。

$\overline{Y_0}$、$\overline{Y_1}$、$\overline{Y_2}$、$\overline{Y_3}$：输出端。

$\overline{ST}$：输入控制端。

$\overline{Y_S}$：选通输出端。

$\overline{Y_{EX}}$：扩展端。

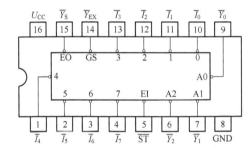

图 6-37　8 线—3 线优先编码器 74LS148 引脚排列

2．译码器

译码是编码的逆过程。将具有特定含义的二进制代码变换成表示原意的二级制代码，称为译码，实现译码功能的电路称为译码器。

1）二—十进制译码器

对应于编码器，译码器也有二进制译码器和二—十进制译码器，下面介绍二—十进制译码器。如图 6-38 所示为集成电路译码器 74LS42 的逻辑电路图和引脚排列图。它有 4 个输入端 $A_0 \sim A_3$ 和 10 个输出端 $Y_0 \sim Y_9$，故又称 4 线—10 线译码器。

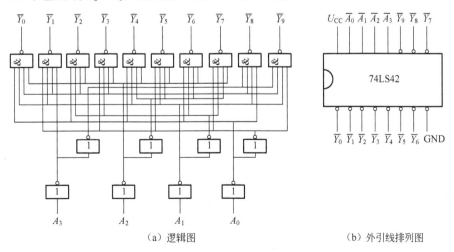

（a）逻辑图　　　　　　　　　　　　　　（b）外引线排列图

图 6-38　74LS42 集成译码器

2）显示译码器

在数字系统中，还有一类能将数字电路的运算结果用十进制数显示出来的译码器，称为显示译码器。

显示译码器的工作原理如图 6-39 所示。

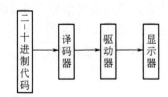

图 6-39　显示译码器的工作原理

目前，常见的数码显示器有半导体发光二极管显示器、液晶显示器和等离子体显示板等，如图 6-40 所示。

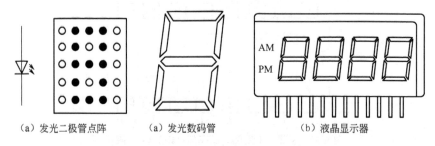

（a）发光二极管点阵　　　（a）发光数码管　　　（b）液晶显示器

图 6-40　常见的数码显示器

其中，半导体发光二极管显示器有发光二极管点阵和数码管两种，如图 6-40（a）、（b）所示；半导体数码管实际上是将 7 个发光二极管排列成"日"字形状制成（有的数码管加上一个小数点，要由 8 个发光二极管制成）。7 个发光二极管分别用 a、b、c、d、e、f、g 英文小写字母代表，采用不同的组合就能显示相应的十进制数字。发光二极管有共阳极和共阴极两个连接方法，如图 6-41 所示。

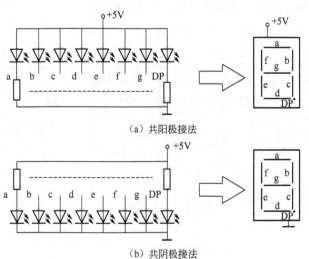

（a）共阳极接法

（b）共阴极接法

图 6-41　发光二极管的两种连接方法

如图 6-42 所示，为集成 BCD 七段译码器/显示器 74LS248 与七段半导体发光数码管相连接构成的 BCD 数码显示电路，电路中的数码管采用共阴极接法。从 74LS248 的输入端 A、B、C、D 输入 4 位二进制 BCD 码，半导体发光数码管将显示相应的十进制数字。

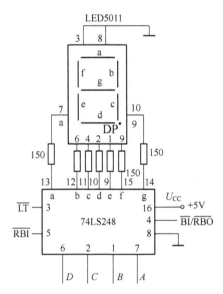

图 6-42　BCD 七段译码器/显示器驱动共阴极数码管的连接

知识拓展

数显译码集成芯片 CH233

CH233 为数显译码驱动电路，当其所有的输入端 $Y_1 \sim Y_8$ 为低电平时，数码管处于全熄灭状态，LED 为共阴极数码管。当其 $Y_1 \sim Y_8$ 端加高电平时，共阴极数码管将显示对应的数字。例如，Y_2 为高电平，而 Y_1、Y_2、Y_3、Y_4、Y_5、Y_6、Y_7、Y_8 为低电平时，数码管显示数字 2。CH233 引脚如图 6-43 所示。

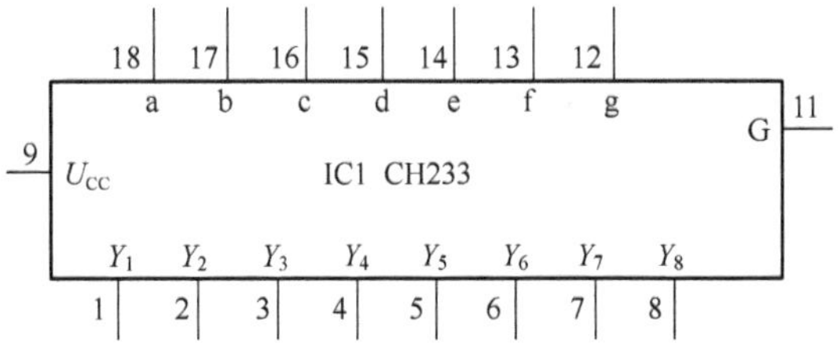

图 6-43　CH233 引脚

学习任务 5　举重裁判电路的安装与调试

一、分析电路

1．分析举重裁判电路原理

1）举重裁判电路

如图 6-44 所示，图（a）为举重裁判电路原理，图（b）为举重裁判电路逻辑电路。

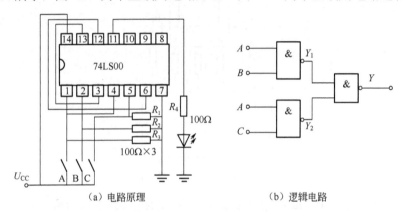

（a）电路原理　　　　　　　　　　（b）逻辑电路

图 6-44　举重裁判电路

2）工作原理

电路利用 74LS00 芯片中的三组二输入与非门电路，第一组是：引脚 1、2 为输入端，引脚 3 为输出端；第二组是：引脚 4、5 为输入端，引脚 6 为输出端；第三组是：引脚 12、13 为输入端，引脚 11 为输出端；输出信号经电阻限流后驱动 LED 发光。

当按下按钮 A 时，引脚 1、4 输入都为高电平，若同时按下按钮 B，则二输入引脚输入也为高电平，经过第一组与非门电路，则输出端引脚 3（即引脚 13 输入）输出为低电平。

若此时没有按下按钮 C，引脚 5 输入为低电平，引脚 4 输入依然是高电平。经过第二组与非门电路，则输出端引脚 6（即引脚 12 输入）输出为高电平。

此时第三组与非门，输入端引脚 12 输入是高电平，引脚 13 输入是低电平，因此，输出端引脚 11 输出高电平，LED 灯亮，显示举重成功。

其他情况分析过程与此类似。

2．分析举重裁判的逻辑电路

1）由逻辑图写出逻辑表达式

分析举重裁判逻辑电路，根据它们的逻辑符号发现：举重裁判逻辑电路由三个与非门构成，分别将它们转换成逻辑函数表达式：

$$Y_1 = \overline{AB} \qquad Y_2 = \overline{AC}$$
$$Y = \overline{\overline{AB}\,\overline{AC}}$$

2）根据逻辑函数表达式列出真值表

根据逻辑函数式发现：举重裁判电路有三个输入变量，分别是 A、B、C，其真值表的形式应该有八种组合，将各种组合取真值代入函数式，计算其函数值，即可得到举重裁判电路真值表，见表 6-20。

表 6-20 举重裁判电路真值表

A	B	C	Y
0	0	0	0
0	0	1	0
0	1	0	0
0	1	1	0
1	0	0	0
1	0	1	1
1	1	0	1
1	1	1	1

3）描述举重裁判电路的逻辑功能

从真值表可以发现： 只有当输入变量 A 为 1，且输入变量 B、C 至少一个为 1 时，输出才为 1，否则输出都为 0。 举重比赛规则规定，举重比赛必须有三名裁判，其中一名主裁判和两名副裁判，A 控制主裁判的按钮，B 和 C 分别控制两个副裁判的按钮，只有当主裁判和其中至少一名副裁判判定运动员举重成功，才能确定该运动员举重成功，所以该电路可以用来做举重裁判电路。

二、电路安装

安装之前请不要急于动手，应先查阅相关的技术资料及说明，然后对照原理图，了解元器件清单，并分清各元器件，了解各元器件的特点、作用、功能，同时核对元器件数量。

举重裁判电路元器件清单见表 6-21。

表 6-21 举重裁判电路元器件清单

序　号	配件图号	名　称	规格型号	数量（只）
1	74LS00	集成芯片	74LS00	1
2	$R_1 \sim R_4$	电阻	100	4
3		发光二极管	红色	1
4	A、B、C	开关		3
5		其余配件		若干

正确插入元器件，按照从低到高、从小到大的顺序安装，极性要符合规定。

三、通电调试

1. 通电前自检

（1）仔细检查已完成的装配是否准确——包括组件位置、极性组件的极性、引脚之间有无短路、连接处有无接触不良等。

（2）焊接是否可靠——无虚焊、漏焊及搭锡，无空隙、毛刺等。

（3）连线是否正确——无错线、少线和多线。

（4）电源端对地是否存在短路——在通电前，断开一根电源线，用万用表检查电源端对地是否存在短路。

2．通电调试

具体可参见工作页。

举重裁判电路布线图如图 6-45 所示。举重裁判电路安装实物如图 6-46 所示。

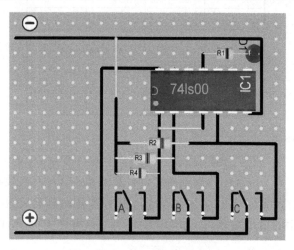

图 6-45　举重裁判电路布线图

图 6-46　举重裁判电路安装实物

项目总结

1．与门、或门和非门是三种基本逻辑门电路，与非门、或非门、与或非门是复合逻辑门电路，常见的集成逻辑门电路有 TTL 系列和 CMOS 系列，这些门电路是组成数字电路的基本单元电路。

2. 逻辑函数的表示方法有真值表、逻辑函数表达式、逻辑图、波形图等，各种表示方法之间可以相互转换。

3. 门电路的输入和输出只有高电平和低电平两种状态，可用"1"和"0"两种符号表示。

4. 日常生活中常有十进制数，在数字电路中基本上使用的是二进制数，有时也用十六进制数来表示二进制数，可以用 4 位二进制数来表示 1 位十进制数，简称 BCD 码。

5. 逻辑代数和卡诺图是分析和设计数字电路的主要工具，逻辑代数是用以描述逻辑关系、反映逻辑变量运算规律的数学。逻辑变量是用来表示逻辑关系的二值变量，它只有逻辑 0 和逻辑 1 两个取值，它代表了两种对立的逻辑关系，而不是具体的数值。

6. 组合逻辑电路是由基本逻辑门电路组成，它的输出仅与当时的输入信号有关，分析组合逻辑电路的目的是确定它的功能。

7. 在完成本情境学习之后，应会熟悉各种门电路，会根据逻辑图分析组合逻辑电路，会根据逻辑要求设计简单的组合逻辑电路。

练习与思考

一、填空题

1. 数字信号所处理的各种信号是_____。

2. 正逻辑的高电平用_____表示，低电平_____表示。

3. 负逻辑的高电平用_____表示，低电平_____表示。

4. 每一种进位计数都包含了两个基本因素_____和_____。

5. 二进制数只有_____和_____两个数码。

6. 二进制数的计数规律是_____。

7. 将二进制数转换成十进制数的方法是_____。

8. 将十进制数转换成二进制数的方法是_____。

9. BCD 码是用 4 位_____来表示 1 位_____的编码方式。

10. 基本的逻辑关系有_____、_____和_____三种逻辑关系。

11. 能实现基本逻辑关系的三种电路分别是_____、_____和_____。

12. 集成逻辑门电路有_____逻辑门电路和_____逻辑门电路两大系列

13. TTL 与非门电路由_____、_____和_____三个部分组成。

14. CMOS 是由_____和_____组成的互补对称型逻辑门电路。

15. 逻辑函数化简的方法有_____和_____。

16. 逻辑函数的表示方法分别有_____、_____和_____。

17. 逻辑图是由_____和_____等逻辑符号及它们之间的连线所构成的图形。

18. 组合逻辑电路由若干个_____电路和_____电路组成。

19. 组合逻辑电路是一种_____记忆性逻辑电路。

20. 组合逻辑电路的输出状态与电路_____状态无关。

二、选择题

1. 将二进制数 1001 转化为十进制数，正确的是（　　）。

A．5   B．8   C．9

2．将二进制数 10010101 转化为十进制数，正确的是（　　　）。

    A．149   B．189   C．261

3．将十进制数 11 转化为二进制数，正确的是（　　　）。

    A．1010   B．1011   C．1100

4．将十进制数 75 转化为二进制数，正确的是（　　　）。

    A．1001011   B．1011100   C．10101100

5．将二进制数 1001011 转化为十六进制数，正确的是（　　　）。

    A．3E   B．4B   C．5F

6．将十进制数 36 用 8421BCD 码表示为（　　　）。

    A．00110101   B．11001100   C．00110110

7．符合或逻辑关系的表达式是（　　　）

    A．1+1 = 0   B．1+1 = 1   C．1+1 = 2

8．或非门的逻辑功能是（　　　）

    A．有 0 出 0，全 1 出 1   B．有 1 出 1，全 0 出 0   C．有 1 出 0，全 0 出 1

9．能实现有 0 出 1，全 1 出 0 逻辑功能的是（　　　）。

    A．与门   B．或门   C．与非门

10．符合真值表 6-22 的是（　　　）门电路。

    A．与门   B．或门   C．与非门

11．符合真值表 6-23 的是（　　　）门电路。

    A．或门   B．与非门   C．或非门

表 6-22　选择题 10 附表

A	B	Y
0	0	0
0	1	0
1	0	0
1	1	1

表 6-23　选择题 11 附表

A	B	Y
0	0	1
0	1	0
1	0	0
1	1	0

12．下面哪一种方式不能表示逻辑函数（　　　）。

    A．真值表   B．函数表达式   C．电路原理图

13．TTL 集成逻辑门电路内部采用（　　　）组成的集成逻辑门电路。

    A．晶体管   B．电子管   C．场效应管

14．MOS 集成逻辑门电路是采用（　　　）组成的集成电路。

    A．晶体管   B．电子管   C．场效应管

15．TTL 与非门多余的输入端应接（　　　）。

    A．高电平   B．低电平   C．并接到其他引脚

16．下列逻辑代数公式中正确的是（　　　）。

    A．$A + \overline{A} = 0$ B．$A + \overline{A} = 1$ C．$A + \overline{A} = 2$

17. 下列逻辑代数定律中，正确的是（   ）。

    A. $A + \overline{A}B = A + B$ B. $A + \overline{A}B = A + \overline{A}$ C. $A + \overline{A}B = A$

18. 8 个逻辑相邻的最小项可以合并成一项，消去（   ）因子。

    A. 1   B. 2   C. 3

19. 对于 3 个变量的函数，就应该有（   ）个最小项。

    A. 4   B. 8   C. 16

20. 组合逻辑电路是一种（   ）功能的电路。

    A. 有记忆   B. 无记忆   C. 不能确定

三、判断题

1. 数字信号是指在时间上和数值上连续变化的信号。（   ）

2. 数字信号多以脉冲信号的形式出现，只有高、低两种电平。（   ）

3. 用 4 位二进制数表示 1 位十进制数形成的二进制代码称为 BCD 码。（   ）

5. 可将二进制数用十六进制数来表示。（   ）

6. 或门的逻辑函数表达是 $Y = A \cdot B$。（   ）

7. 与非门的逻辑功能是"有 0 出 0，全 1 出 1"。（   ）

8. 在非门电路中输入为高电平，输出则为低电平。（   ）

9. TTL 与非门电路的输入端是多发射极晶体管。（   ）

10. COMS 集成电路多余的输入端不能悬空。（   ）

11. TTL 集成电路的输出端不允许直接电源或接地。（   ）

12. 逻辑变量只有 0 和 1 两种数值。（   ）

13. 常用的化简方法有公式法和卡诺图法。（   ）

14. 任何一个逻辑函数的表达式一定是唯一的。（   ）

15. n 个变量的卡诺图共有 $2n$ 个小方格。（   ）

16. 合并最小项的结果就是保留不同变量，消除它们的相同部分。（   ）

17. 4 个逻辑相邻的最小项可以合并成一项，消去一个因子。（   ）

18. 集成电路的引脚按顺时针排列。（   ）

19. 电路板在通电测试前要检查电源端和接地端是否有短路现象。（   ）

20. 安装焊接电路板要根据先低后高、先里后外的原则。（   ）

四、综合题

1. 用公式法化简函数 $Y = ABC + A\overline{B}\,\overline{C}$。

2. 用公式法化简函数 $Y = AB + \overline{A}C + \overline{B}C$。

3. 用卡诺图化简函数 $Y = AB + \overline{A}B\overline{C} + \overline{B}C$。

4. 用卡诺图化简函数 $Y = \overline{A}\,\overline{B} + BC + B\overline{C}$。

5. 列出函数 $Y = AB + \overline{A}\,\overline{B}$ 的真值表。

6. 列出函数 $Y = A\overline{B} + \overline{A}B$ 的真值表。

7. 画出 $Y = AB + BC + AC$ 的逻辑图。

8. 画出 $Y = ABC + \overline{A}BC + A\overline{B}C$ 的逻辑图。

项目 7 四人抢答器电路的安装与调试

项目介绍

在各种知识竞赛、文体娱乐活动（抢答竞赛赛活动）中，抢答器能准确、公正、直观地判断出抢答者的座位号，应用十分广泛，如图7-1所示。

本项目要求安装与调试的四人抢答器电路，符合抢答器规则，有4个输入按钮，对应4路输出指示灯，1个清零按钮。

图 7-1　抢答器

学习目标

1. 能制订电子产品制作的工作计划。
2. 会测试集成 JK、RS、D 触发器逻辑功能。
3. 会正确使用集成 JK、RS、D 触发器。
4. 会使用焊接工具制作四人抢答器。
5. 能说出四人抢答器电路的基本工作原理。
6. 会根据需求改进抢答器电路。
7. 能说出寄存器和计数器的原理和功能。
8. 能撰写学习记录及小结。

建议课时：18 课时

学习活动建议

1. 教师根据"工作页"提前准备学习资源（包括学习资料、工具、材料、仪表等）。
2. 学生根据"工作页"指引，通过查阅"相关知识"等资料完成学习。
3. 学生及教师根据评价材料完成项目学习评价。

 相关知识

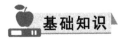 **学习任务 1 触发器的认识与测试**

 基础知识

一、触发器的特点

在数字系统中，不仅要对数字信号进行运算，还常常要记忆和保存这些二进制数码信息，这就要用到另一个具有记忆功能的数字逻辑部件,触发器就是具有记忆功能和存储功能的基本单元电路，它具有以下两个特点。

1. 两种状态

触发器有两个输出端，分别记作 Q 和 $\bar{Q}$，其状态是互补的。$Q=1$、$\bar{Q}=0$ 是一个稳定状态，称为 1 态。$Q=0$、$\bar{Q}=1$ 是另一个稳定状态，称为 0 态。

如出现 $Q=\bar{Q}=1$ 或 $Q=\bar{Q}=0$，因不满足互补的条件，故称为不定状态。

> **注意**
>
> 当没有外界信号作用时，触发器能保持原来的状态不变，即它具有存储一位二值信号的功能。

2. 触发器的翻转

在一定的外界信号作用下，触发器可以从一个稳定状态翻转为另一个稳态（即从 0 态变化为 1 态或从 1 态变化为 0 态），而且当外界信号消失后，能将建立的状态保存下来。

触发器种类很多，按触发方式的不同，可分为同步触发器、主从触发器及边沿触发器等。根据逻辑功能的差异，可分为 RS 触发器、JK 触发器、D 触发器等几种类型。

二、RS 触发器

1. 基本 RS 触发器

基本 RS 触发器是组成其他触发器的基础，一般有与非门和或非门组成的两种，以下介绍与非门组成的基本 RS 触发器。

1）电路结构与符号图

用与非门组成的基本 RS 触发器及符号如图 7-2 所示，$\bar{S}_D$ 为置 1 输入端，$\bar{R}_D$ 为置 0 输入端，都是低电平有效，Q、$\bar{Q}$ 为输出端，一般以 Q 的状态作为触发器的状态。

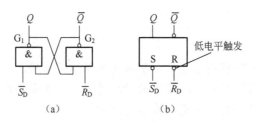

图7-2 与非门组成的RS触发器及符号

2）工作原理与逻辑功能表（见表7-1）

表7-1 基本RS触发器逻辑功能表

$\bar{R}_D$	$\bar{S}_D$	Q^n（现态）	Q^{n+1}（次态）	功能说明
0	0	0	×	不定状态（禁用）
0	0	1	×	
0	1	0	0	置0（复位）
0	1	1	0	
1	0	0	1	置1（置位）
1	0	1	1	
1	1	0	0	保持原状态
1	1	1	1	

（1）当 $\bar{R}_D=0$，$\bar{S}_D=1$ 时，G_2 门的输出端 $\bar{Q}=1$，G_1 门的两输入为1，G_1 门的输出端 $Q=0$，触发器状态为0态，故称 $\bar{R}_D$ 为置0端或复位端。

（2）当 $\bar{R}_D=1$，$\bar{S}_D=0$ 时，G_1 门的输出端 $Q=1$，G_2 门的两输入为1，G_2 门的输出端 $\bar{Q}=0$，触发器状态为1态，故称 $\bar{S}_D$ 为置1端或置位端。

（3）当 $\bar{R}_D=1$，$\bar{S}_D=1$ 时，G_1 门和 G_2 门的输出端被它们的原来状态锁定，故输出不变。

（4）当 $\bar{R}_D=0$，$\bar{S}_D=0$ 时，触发器状态不确定。

这里 Q^n 表示输入信号到来之前 Q 的状态，一般称为现态。同时，也可用 Q^{n+1} 表示输入信号到来之后 Q 的状态，一般称为次态。

注 意

$\bar{S}_D=0$，$\bar{R}_D=0$ 的情况不能出现，为使这种情况不出现，特给该触发器加一个约束条件 $\bar{S}_D+\bar{R}_D=1$。

3）波形图

用波形图可以描述触发器的工作过程，时间图的横坐标为时间，纵坐标为电压（表示脉冲的大小），在数字电路中，脉冲的大小对结果一般无影响。

时间图分为理想时间图和实际时间图，理想时间图是不考虑门电路延迟的时间图，而实际时间图考虑门电路的延迟时间。由与非门组成的RS触发器理想时间图如图7-3所示。

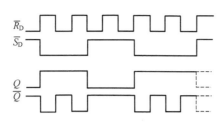

图 7-3　RS 触发器的波形图

2．同步 RS 触发器

在数字系统中，为了多个触发器协调一致地工作，常常要求触发器有一个控制端，在此控制信号的作用下，各触发器的输出状态有序地变化。具有此类控制信号的触发器称为同步 RS 触发器。

1）电路结构与符号

同步 RS 触发器的逻辑图和逻辑符号如图 7-4 所示。

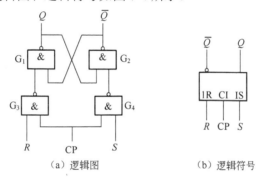

（a）逻辑图　　　　　　　　　（b）逻辑符号

图 7-4　同步 RS 触发器的逻辑图和逻辑符号

2）逻辑功能

当 CP=0 时，控制门 G_3、G_4 关闭，都输出 1，这时，不管 R 端和 S 端的信号如何变化，触发器的状态保持不变。

当 CP=1 时，门 G_3、G_4 打开，R、S 端的输入信号才能通过这两个门，使基本 RS 触发器的状态改变。其输出状态由 R、S 端的输入信号和电路的原有状态 Q^n 决定。同步 RS 触发器的逻辑功能见表 7-2。

表 7-2　同步 RS 触发器的逻辑功能

R	S	Q^n（现态）	Q^{n+1}（次态）	功能说明
0	0	0	0	保持原状态
0	0	1	1	
0	1	0	1	输出状态与 S 相同（置1）
0	1	1	1	
1	0	0	0	输出状态与 R 相同（置0）
1	0	1	0	
1	1	0	×	不定状态（禁用）
1	1	1	×	

3）波形图

同步 RS 触发器的特点是在 CP=1 的全部时间里，R 和 S 的输入信号变化都将引起触发器输出端状态的变化。

设初态为 0 态，Q 和 $\bar{Q}$ 的波形如图 7-5 所示。

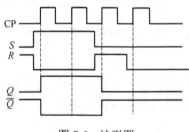

图 7-5　波形图

注 意 ● ● ● ●

同步触发器存在的"空翻"问题。对触发器而言，在一个时钟脉冲作用下，要求触发器的状态只能翻转一次。而同步 RS 触发器在一个时钟周期的整个高电平期间（CP=1），如果 R、S 端输入信号多次发生变化，可能引起输出端状态翻转两次或两次以上，时钟失去控制作用，这种现象称为"空翻"现象，如图 7-6 所示。"空翻"是一种有害的现象，它使得时序电路不能按时钟节拍工作，造成系统的误动作。

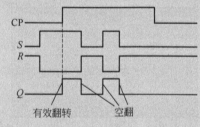

图 7-6　同步 RS 触发器的"空翻"波形

三、JK 触发器

1. 主从 JK 触发器

1）逻辑符号

主从 JK 触发器的逻辑符号如图 7-7 所示。$\bar{R}_D$ 和 $\bar{S}_D$ 分别为直接预置 0 和置 1 端，$\bar{R}_D=0$ 或者 $\bar{S}_D=0$ 将优先决定触发器的状态，但不允许同时 $\bar{R}_D=\bar{S}_D=0$；在触发器工作时应使 $\bar{R}_D=\bar{S}_D=1$。

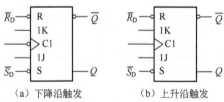

（a）下降沿触发　　　（b）上升沿触发

图 7-7　主从 JK 触发器的逻辑符号

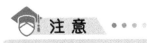

注 意 ·····

CP 端有小圆圈的表示下降沿触发有效，无小圆圈的表示上升沿触发有效。

2）逻辑功能

JK 触发器的逻辑功能与 RS 触发器的逻辑功能基本相同，不同之处是 JK 触发器没有约束条件。在 $J=K=1$ 时，每输入一个时钟脉冲后，触发器的状态翻转一次。JK 触发器的逻辑功能见表 7-3。

表 7-3 JK 触发器的逻辑功能

R	S	Q^n（现态）	Q^{n+1}（次态）	功能说明
0	0	0	0	保持原状态
0	0	1	1	
0	1	0	0	输出状态与 J 状态相同（置 0）
0	1	1	0	
1	0	0	1	输出状态与 J 状态相同（置 1）
1	0	1	1	
1	1	0	1	每输入一个脉冲输出状态改变一次（取反）
1	1	1	0	

3）波形图

设初态为 0 态，CP 下降沿触发有效，输出端 Q 的波形如图 7-8 所示。

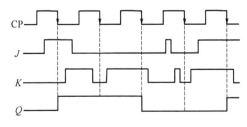

图 7-8 波形图

2．应用举例

74LS72 为多输入端的单 JK 触发器，如图 7-9 所示，它有 3 个 J 端和 3 个 K 端，3 个 J 端之间是与逻辑关系，3 个 K 端之间也是与逻辑关系。使用中如有多余的输入端，应将其接高电平。该触发器带有直接置 0 端 R_D 和直接置 1 端 S_D，都为低电平有效，不用时应接高电平。74LS72 为主从型触发器，CP 下降沿触发。

四、D 触发器

1．D 触发器介绍

1）逻辑符号

D 触发器的逻辑符号如图 7-10 所示，只有一个信号输入端 D，CP 上升沿触发有效。

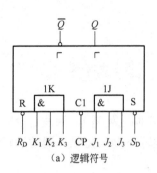

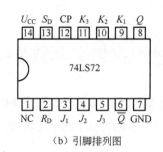

图 7-9 TTL 主从 JK 触发器 74LS72

图 7-10 D 触发器的逻辑符号

2）逻辑功能

D 触发器的逻辑功能见表 7-4。

表 7-4 D 触发器的逻辑功能

D	Q^n	Q^{n+1}	功　能
0	0	0	输出状态与 D 状态相同
0	1	0	
1	0	1	
1	1	1	

3）波形图

设初态为 0 态，CP 上升沿触发有效，如图 7-11 所示为边沿 D 触发器的波形图。

2．应用举例

74LS273 是具有复位功能、上升沿触发的 8 位数据锁存器，18 个引脚。其外形和引脚如图 7-12 所示，其逻辑功能见表 7-5。由表 7-5 可知，当 $\overline{R}_D$ =0 时，不论 CP、D 如何变化，触发器可实现异步清零，即触发器为"0"态。当 $\overline{R}_D$ =1 时，只有在 CP 脉冲上升沿到来时，根据 D 端的取值决定触发器的状态，如无 CP 脉冲上升沿到来，无论有无输入数据信号，触发器保持原状态不变。

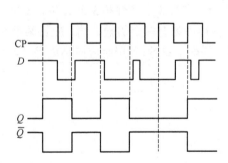

图 7-11 边沿 D 触发器的波形图

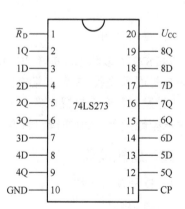

图 7-12 74LS273 的外形和引脚

表 7-5　74LS273 的逻辑功能

输　　入			输　　出
$\overline{R}_D$	CP	D	Q^{n+1}
0	×	×	0
1	↑	1	1
1	↑	0	0
1	0	×	Q^n

知识拓展

三态 RS 锁存器 CD4043

CD4043 的引脚如图 7-13 所示，其内部包含 4 个基本 RS 触发器，它采用三态单端输出，由芯片的 5 引脚 EN 信号控制。CD4043 的逻辑功能见表 7-6。

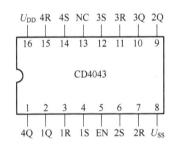

图 7-13　CD4043 的引脚

表 7-6　CD4043 的逻辑功能

EN	S	R	Q
0	×	×	高阻
1	0	0	Q^n（原态）
1	0	1	0
1	1	0	1
1	1	1	×

由表 7-6 可见，三态 RS 锁存器是在普通 RS 触发器的基础上加上控制端 EN，其输出端除了出现高电平和低电平外，还可以出现第三种状态——高阻状态。控制端 EN（或称为使能端）为高电平有效：当 EN=1 时为工作状态，实现正常的逻辑功能；当 EN=0 时输出端呈现高阻状态。

学习任务 2　时序逻辑电路的认识

基础知识

时序逻辑电路一般由组合逻辑电路和存储电路两部分组成。时序逻辑电路的特点是在任何时刻的输出不仅与该时刻的输入信号有关，而且还与电路原来的状态有关。

时序逻辑电路可分为同步时序电路和异步时序电路两类。同步时序电路中所有触发器在同一个时钟脉冲控制下同时进行状态转换。异步时序电路中各个触发器不是由同一个时钟脉冲控制，因此各触发器不在同一时刻进行状态转换。

最常用的时序逻辑电路是各种类型的寄存器和计数器。

一、寄存器

1. 概述

用来存放二进制数据或代码的电路称为寄存器。寄存器由具有存储功能的触发器组合起来构成的。存放 n 位二进制代码的寄存器，要用 n 个触发器来构成。

2. 数码寄存器

数码寄存器的数据只能并行输入，并行输出。如图 7-14 所示是一个 4 位数码寄存器，4 位数码 $D_3 \sim D_0$ 在寄存脉冲 C 的作用下同时存入寄存器中，在取数脉冲的作用下存入的 4 位数码即可分别从 4 个与门取出，此后只要不存入新的数码，原来的数码可重复取出，并一直保持不变，寄存器需要清 0 时，在 $\overline{R}_D$ 端加一个清 0 脉冲即可。

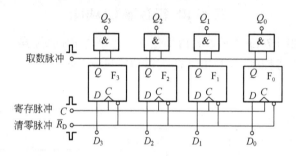

图 7-14　4 位数码寄存器

3. 移位寄存器

移位寄存器除了具有存储数据的功能外，还可将所存储的数据向左或向右逐位移动。如图 7-15 所示是一个 4 位右移移位寄存器，4 位待存的数码在移位脉冲 C 的作用下依次从触发器 F_0 的数据输入端 D_0 输入，并逐位右移，4 个移位脉冲后全部存入寄存器中，这时可从 4 个触发器的 Q 端得到并行的数码输出，如果再经过 4 个移位脉冲，则所存的 4 个数码便逐位从 Q_3 端串行输出。

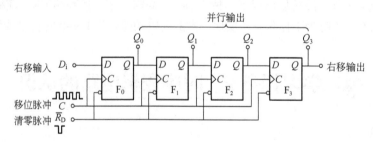

图 7-15　4 位右移移位寄存器

4. 集成移位寄存器

集成移位寄存器产品较多。4 位双向移位寄存器 74LS194 的引脚如图 7-16 所示。74LS194 各引脚的功能为：$\overline{CR}$ 为清 0 端；M_0、M_1 为工作状态控制端；D_{SR} 和 D_{SL} 分别为右移和左移串行数据输入端；$\overline{D}_0 \sim D_3$ 为并行数据输入端；$Q_0 \sim Q_3$ 为并行数据输出端；C 为移位时钟脉冲。74LS194 的逻辑功能见表 7-7。

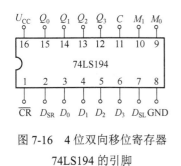

图 7-16　4 位双向移位寄存器
74LS194 的引脚

表 7-7　74LS194 的逻辑功能

$\overline{CR}$	M_1	M_0	C	功　　能
0	×	×	×	清零：$Q_0Q_1Q_2Q_3$=0000
1	0	0	↑	保持
1	0	1	↑	右移：$D_{SR} \to Q_0 \to Q_1 \to Q_2 \to Q_3$
1	1	0	↑	左移：$D_{SL} \to Q_3 \to Q_2 \to Q_1 \to Q_0$
1	1	1	↑	并入：$Q_0Q_1Q_2Q_3=D_0D_1D_2D_3$

二、计数器

能够记忆输入脉冲个数的电路称为计数器。计数器按计数过程中各个触发器状态的更新是否同步，可分为同步计数器和异步计数器；按计数过程中数值的进位方式，可分为二进制计数器、十进制计数器和 N 进制计数器；按计数过程中数值的增减情况，可分为加法计数器、减法计数器和可逆计数器。

1. 二进制计数器

二进制计数器按照二进制数规律计数，如果用 n 表示二进制代码的位数，用 N 表示有效状态数，则在二进制计数器中 $N = 2^n$。因为一个触发器只能表示一位二进制数，所以 n 位二进制数计数器需要使用 n 个触发器，能记最大的十进制数为 $2^n - 1$，经过 n 个脉冲循环一次。3 位二进制加法计数器的状态表见表 7-8。

表 7-8　3 位二进制加法计数器的状态表

计数脉冲数	Q_2	Q_1	Q_0
0	0	0	0
1	0	0	1
2	0	1	0
3	0	1	1
4	1	0	0
5	1	0	1
6	1	1	0
7	1	1	1
8	0	0	0

1）异步二进制计数器

接线规律：将 JK 触发器或 D 触发器接成 T′ 触发器，计数脉冲 C 加至最低位触发器的时钟脉冲输入端。二进制异步计数器级间连接规律见表 7-9。3 位异步二进制加法计数器的接线如图 7-17 所示，其波形图如图 7-18 所示。

表 7-9   二进制异步计数器级间连接规律

连 接 规 律	T′ 触发器的触发沿	
	上升沿	下降沿
加法计数	低位触发器的输出端 $\bar{Q}$ 依次接到相邻高位的时钟脉冲输入端 C	低位触发器的输出端 Q 依次接到相邻高位的时钟脉冲输入端 C
减法计数	低位触发器的输出端 Q 依次接到相邻高位的时钟脉冲输入端 C	低位触发器的输出端 $\bar{Q}$ 依次接到相邻高位的时钟脉冲输入端 C

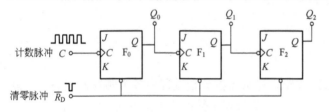

图 7-17   3 位异步二进制加法计数器的接线

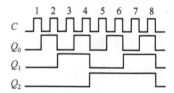

图 7-18   3 位二进制加法计数器的波形图

由图 7-18 可知，Q_0、Q_1 和 Q_2 的频率分别为 C 的 1/2、1/4 和 1/8，即分别对计数脉冲 C 二分频、四分频和八分频，因此，计数器也可作为分频器使用。

2）同步二进制计数器

接线规律：将 JK 触发器或 D 触发器接成 T 触发器，计数脉冲 C 同时加至所有触发器的时钟脉冲输入端，对于同步二进制加法计数器，各触发器的驱动方程为 $T_{n-1} = Q_{n-2}Q_{n-3}\cdots Q_1 Q_0$。3 位同步二进制加法计数器中各触发器的驱动方程分别为：$T_0 = 1$，$T_1 = Q_0$，$T_2 = Q_1 Q_0$，其接线如图 7-19 所示。

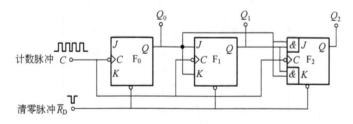

图 7-19   3 位同步二进制加法计数器的接线

2．十进制计数器

十进制计数器按照十进制数规律计数，状态数 $N = 10$，须使用 4 个触发器。使用最多的十进制计数器是按照 8421 码计数的电路，其编码表见表 7-10。

1）同步十进制计数器

接线规律：将计数脉冲 C 同时加至所有触发器的时钟脉冲输入端，采用 JK 触发器时，各触发器的驱动方程分别为：$J_0 = K_0 = 1$，$J_1 = \bar{Q}_3 Q_0$、$K_1 = Q_0$，$J_2 = K_2 = Q_1 Q_0$，$J_3 = Q_2 Q_1 Q_0$、$K_3 = Q_0$。同步十进制加法计数器的接线如图 7-20 所示，其波形图如图 7-21 所示。

2）异步十进制计数器

异步十进制加法计数器的接线如图 7-22 所示。

表 7-10　十进制加法计数器编码表

计数脉冲数	8421 编码				十进制数
	Q_3	Q_2	Q_1	Q_0	
0	0	0	0	0	0
1	0	0	0	1	1
2	0	0	1	0	2
3	0	0	1	1	3
4	0	1	0	0	4
5	0	1	0	1	5
6	0	1	1	0	6
7	0	1	1	1	7
8	1	0	0	0	8
9	1	0	0	1	9
10	0	0	0	0	0

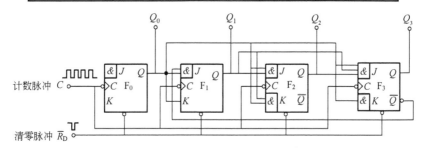

图 7-20　同步十进制加法计数器的接线

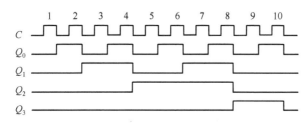

图 7-21　十进制加法计数器的波形图

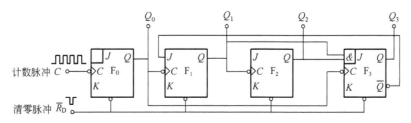

图 7-22　异步十进制加法计数器的接线

3. 集成计数器

1）集成 4 位同步二进制计数器 74LS161

集成 4 位同步二进制计数器 74LS161 具有异步清 0、同步并行置数、同步二进制加法计数和保持功能，其引脚如图 7-23 所示，其逻辑功能见表 7-11。

利用 74LS161 构成 N 进制计数器，可以将第 N 个状态反馈到异步清 0 端 $\overline{CR}$，迫使计数器清 0，第 N 个状态转瞬即逝，不会计数；也可以将第 $N-1$ 个状态反馈到同步置数端 $\overline{LD}$，将计数器的初始状态置为 0。

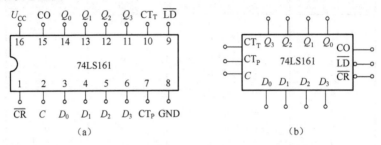

图 7-23　集成同步计数器 74LS161 的引脚和逻辑功能

表 7-11　集成同步计数器 74LS161 的逻辑功能

输　　　入					输　　　出				
$\overline{CR}$	$\overline{LD}$	CT_P	CT_T	C	Q_3	Q_2	Q_1	Q_0	CO
0	×	×	×	×	0	0	0	0	0
1	0	×	×	↑	D_3	D_2	D_1	D_0	
1	1	1	1	↑	计数				
1	1	0	×	×	保持				
1	1	. ×	0	×	保持				0

2）集成异步计数器 74LS290

集成异步计数器 74LS290 具有异步清 0、异步置 1 和异步计数功能，其引脚如图 7-24 所示，其逻辑功能见表 7-12。

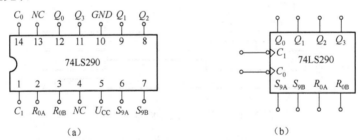

图 7-24　集成异步计数器 74LS290 的引脚

表 7-12　集成异步计数器 74LS290 的逻辑功能

输　　　入						输　　　出			
R_{0A}	R_{0B}	S_{9A}	S_{9B}	C_0	C_1	Q_3	Q_2	Q_1	Q_0
1	1	0	×	×	×	0	0	0	0
1	1	×	0	×	×	0	0	0	0
×	×	1	1	×	×	1	0	0	1
×	0	×	0	↓	0	二进制计数			
×	0	0	×	0	↓	五进制计数			
0	×	×	0	↓	Q_0	8421 码十进制计数			
0	×	0	×	Q_3	↓	5421 码十进制计数			

注意

利用 74LS290 构成 N 进制计数器，同样可将第 N 个状态反馈到清 0 端 R_{0A} 和 R_{0B}，迫使计数器清 0，第 N 个状态转瞬即逝，不会会计数。

学习任务3　四人智力抢答器的制作

一、原理分析

如图 7-25 所示，IC1 为四—三态 RS 锁存器 CD4043，IC2 为双四输入或非门 CD4002，它们组成四路按键输入与互锁电路。CD4043 中的 4 个置 1 端 S 与 4 个抢答输入按键 $SB_1 \sim SB_4$ 相连，4 个输出端 Q 通过 CD4002 与抢答输入按键的另一端相连。4 个复位端 R 并联后与总复位按键 SB5 相连，供主持人作为总复位用。

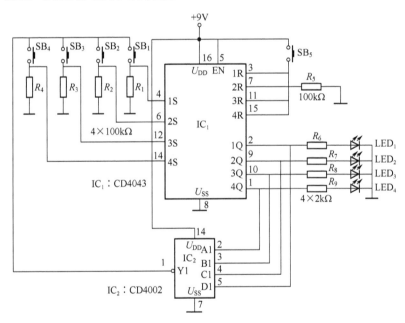

图 7-25　四人抢答器电路

接通电源后，主持人先按下总复位键 SB_5，9V 工作电压通过 SB_5 加至 4 个复位端 R，使 4 个触发器均复位，Q 端输出低电平，Q 端的低电平加至或非门 IC2 的输入端，反相后变为高电平，使 4 个抢答输入按键的一端为高电平，而 4 个 RS 触发器的置 1 端 S 通过下控电阻 $R_1 \sim R_4$ 将其置于低电平，整个电路处于等待状态。

当有某一参赛队员，例如，1 号队员按下 SB_1 时，高电平能过 SB_1 加至 IC1 的 1S 端，1 号触发器被置位，1Q 输出高电平。一方面通过 IC2 反相为低电平后使 4 个抢答按键的一端由高电平变为低电平，使其后按下的按键不能再使它对应的触发器翻转，起到了互锁作用。

SB_5 为总复位按键，每次抢答过后由主持人按下它，使电路复位后进行下一轮的抢答。

二、电路安装

安装之前请不要急于动手，应先查阅相关的技术资料及说明，然后对照原理图，了解印制电路板、元器件清单，并分清各元器件，了解各元器件的特点、作用、功能，同时核对元器件数量。四人抢答器电路元器件清单见表 7-13。

表 7-13　四人抢答器电路元器件清单

序　号	配件图号	名　称	规　格　型　号	数量（只）
1	IC_1	CD4043	DIP16	1
2	IC_2	CD4002	DIP14	1
3	$SB_1 \sim SB_5$	按钮	不带锁	5
4	$LED_1 \sim LED_5$	发光二极管	红色	4
5	$R_1 \sim R_5$	电阻	100kΩ	5
6	$R_6 \sim R_9$	电阻	4kΩ	4
7		其余配件		若干

请查看知识拓展中的三态 RS 锁存器 CD4043 芯片资料，了解每个引脚的功能与用法，记得要接上电源和地线。

三、通电调试

1．通电前自检

（1）仔细检查已完成的装配是否准确——包括组件位置、极性组件的极性、引脚之间有无短路、连接处有无接触不良等。

（2）焊接是否可靠——无虚焊、漏焊及搭锡，无空隙、毛刺等。

（3）连线是否正确——无错线、少线和多线。

（4）电源端对地是否存在短路——在通电前，断开一根电源线，用万用表检查电源端对地是否存在短路。

2．通电调试

具体可参见工作页。

四人抢答器布线图如图 7-26 所示。四人抢答器安装实物如图 7-27 所示。

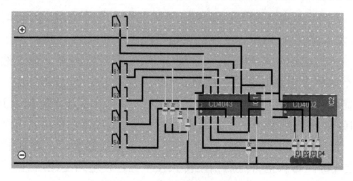

图 7-26　四人抢答器布线图

图 7-27　四人抢答器安装实物

项目总结

1．触发器是能存储一位二进制码 0、1 的电路，有互补输出（Q 和 $\bar{Q}$）。

2．按照触发方式不同，可以把触发器分为同步触发器、主从触发器和边沿触发器。按照逻辑功能不同，可以把触发器分为 RS 触发器、JK 触发器、D 触发器等。基本 RS 触发器没有时钟输入端，触发器状态随输入电平的变化而变化。

3．集成触发器产品通常为 D 触发器和 JK 触发器。在选用集成触发器时，不仅要知道它的逻辑功能，还必须知道它的触发方式，只有这样，才能正确使用好触发器。

4．寄存器分为数码寄存器和移位寄存器。数码寄存器是具有暂时存放数码的逻辑记忆功能，移位寄存器除具有存放数码的记忆功能外，还具有移位功能。

5．计数器能对输入脉冲进行计数操作。计数器按不同的方法分类，可分为二进制计数器、十进制计数器等，也可以分为同步计数器、异步计数器、加法计数器和减法计数器等。

练习与思考

一、填空题

1．触发器就是具有＿＿＿＿＿＿＿＿＿＿和＿＿＿＿＿＿＿＿＿的基本单元电路。

2．基本 RS 触发器是组成其他触发器的基础，一般有＿＿＿＿＿和＿＿＿＿组成的两种。

3．触发器有两个稳定状态：$Q=1$、$\bar{Q}=0$ 为触发器的＿＿＿＿态；$Q=0$、$\bar{Q}=1$ 为触发器的＿＿＿＿态。

4．按逻辑功能分，触发器主要有＿＿＿＿＿、＿＿＿＿＿、＿＿＿＿＿等几种类型。

5．RS 触发器提供了＿＿＿＿＿、＿＿＿＿＿、＿＿＿＿＿三种功能。

6．JK 触发器提供了＿＿＿＿＿、＿＿＿＿＿、＿＿＿＿＿、＿＿＿＿＿四种功能。

7．时序逻辑电路由＿＿＿＿＿＿和＿＿＿＿＿＿两部分组成。

8．寄存器分为＿＿＿＿＿＿寄存器和＿＿＿＿＿＿寄存器。

9．移位是指在＿＿的作用下，能把寄存器中的数码依次＿＿＿＿或＿＿＿＿。

10. 时序逻辑电路可分为_____和_____两类。

二、选择题

1. 基本 RS 触发器输入端禁止使用（　　）。

    A. $\bar{R}_D=0$，$\bar{S}_D=0$　　　　　　　　　　　　B. $\bar{R}_D=1$，$\bar{S}_D=1$

2. 同步 RS 触发器的 S 端称为（　　）。

    A. 直接置 0 端　　　　　B. 直接置 1 端　　　　C. 复位端　　　　D. 置零端

3. JK 触发器有 J、K 端同时输入高电平，则处于（　　）。

    A. 保持　　　　　　　　B. 置 0　　　　　　　　C. 翻转　　　　　　D. 置 1

4. D 触发器有（　　）个输入端。

    A. 1　　　　　　　　　　B. 2　　　　　　　　　C. 3　　　　　　　　D. 4

5. 时序逻辑电路是由（　　）组成。

    A. 组合逻辑电路　　　　B. 触发器　　　　　　　C. 组合逻辑电路和触发器

6. （　　）是指数码及指令等信息从一个输入端逐位输入到寄存器中。

    A. 并行输入　　　　　　B. 串行输入　　　　　　C. 并串行输入

7. 寄存器存储数据的位数（　　）构成触发器的个数。

    A. 小于　　　　　　　　B. 等于　　　　　　　　C. 大于

8. 数码寄存器具有（　　）数码的功能。

    A. 接收和传递　　　　　B. 保存　　　　　　　　C. A 和 B

9. 计数器的构成是由（　　）组合构成。

    A. 与门　　　　　　　　B. 与非门　　　　　　　C. 触发器

10. （　　）计数器则是各种进制计数器的基础。

    A. 二进制　　　　　　　B. 八进制　　　　　　　C. 十进制

三、判断题

1. 触发器能够存储一位二值信息。（　　）

2. 当触发器互补输出时，通常规定 $Q=0$，$\bar{Q}=1$，称为 0 态。（　　）

3. JK 触发器和 RS 触发器所实现的逻辑功能相同。（　　）

4. JK 触发器没有约束条件。（　　）

5. 异步时序逻辑电路是在时钟脉冲的控制下，各触发器的状态先后发生改变。（　　）

6. 移位寄存器除具有存放数码的记忆功能外，还具有移位功能。（　　）

7. 移位是指在移位脉冲的作用下，只能把寄存器中的数码依次右移。（　　）

8. 计数是指统计输入的脉冲个数。（　　）

9. 一个触发器可以用来表示一位十进制数。（　　）

10. 构成计数器电路的元器件必须具有记忆功能。（　　）

四、综合题

1. 什么是触发器？

2. 对基本 RS 触发器的输入有什么要求？

3. 同步 RS 触发器的 CP 脉冲何时有效？

4. 如图 7-28（a）所示触发器，根据输入波形图 7-28（b），画出 Q 端的输出波形，设电路初态为 0。

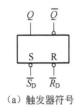

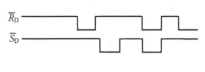

（a）触发器符号　　　　　　　　（b）输入波形图

图 7-28　综合题 4 附图

5．如图 7-29（a）所示触发器，根据输入波形图 7-29（b），画出 Q 端的输出波形，设电路初态为 0。

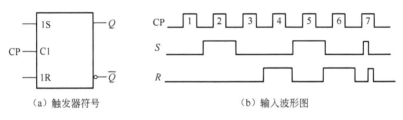

（a）触发器符号　　　　　　　　（b）输入波形图

图 7-29　综合题 5 附图

6．如图 7-30（a）所示触发器，根据输入波形图 7-30（b），画出 Q 端的输出波形，设电路初态为 0。

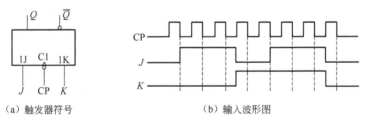

（a）触发器符号　　　　　　　　（b）输入波形图

图 7-30　综合题 6 附图

7．什么是移位？移位寄存器有什么功能？

8．如图 7-31 所示的三位数码寄存器，若电路原状态 $Q_2Q_1Q_0=101$，输入数据 $D_2D_1D_0=011$，则 CP 脉冲到来后，电路状态如何变化？

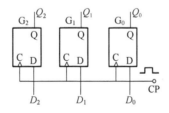

图 7-31　综合题 8 附图

项目 8 门铃电路的安装与调试

项目介绍

常见的电子门铃是当门外的按钮开关被人按压后，门内的门铃就会发出响声提醒主人有客人来。随着科学技术的发展，门铃的功能越来越多，现在还有可以在楼下与楼上的主人直接讲话的门铃，还可以通过摄像头让家里的主人在屏幕上看到楼下的来客，如图 8-1 所示。

本项目要求安装与调试门铃电路，按下按钮时，门内的门铃就会发出响声提醒主人有客人来。

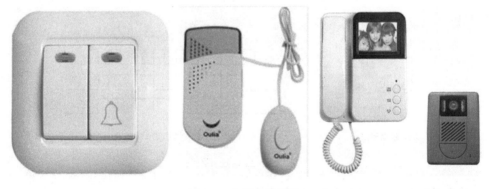

图 8-1　生活中的门铃

学习目标

1. 能识别 555 定时器的引脚及功能。

2. 会使用示波器检测由 555 定时器组成的多谐振荡器、单稳态触发器、施密特触发器的输入输出电压波形及大小。

3. 会使用焊接工具制作及调试音乐门铃。

4. 能说出多谐振荡器、单稳态触发器、施密特触发器的工作原理和主要用途。

5. 能利用 555 设计简单的延时电路。

6. 能撰写学习记录及小结。

建议课时：12 课时

学习活动建议

1. 根据"工作页"提前准备学习资源（包括学习资料、工具、材料、仪表等）。
2. 学生根据"工作页"指引，通过查阅"相关知识"等资料完成学习。
3. 根据评价材料完成项目学习评价。

 相关知识

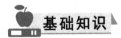

学习任务 1　555 芯片的认识及应用

基础知识

一、集成 555 定时器小知识

555 定时器是一种将模拟电路和数字电路巧妙结合在一起的混合集成电路。1972 年，美国西格尼蒂克斯（Signetics）公司为取代体积大、定时精度差的机械式延时继电器，研制出 NE555 双极型定时器电路。但投放市场后，人们发现这种电路的应用远远超出原设计的使用范围，其用途之广泛几乎遍及电子应用的各个领域，所以需求量极大。

"555"这个名字的由来是由于该集成电路的芯片中采用了 3 个 5kΩ 的精确分压电阻，尽管其产品型号繁多，但由于几乎所有产品型号的最后三位数码都是"555"，而且它们的逻辑功能和外部引脚排列也完全相同，所以统称为"555 集成定时器"，其典型产品有 5G555、NE555、CC7555 等。也有在同一集成电路上集成了两个 555 单元电路的，其型号为 556；如果在同一集成电路上集成了 4 个 555 单元电路的，则其型号为 558。

如上所述，555 集成定时器应用极广，在本任务中介绍的电路仅为其广泛应用例子中的沧海一粟。应用 555 集成定时器可以安装许多有趣的电子小制作，如报警电路、光控电灯等，有兴趣的读者可查阅有关资料。

1. NE555 的外形与引脚排列

555 定时器是一种中规模集成电路，它具有功能强，使用方便、灵活，适用范围广等特点，只要外接几个电阻、电容元器件，就可以构成施密特触发器、单稳态电路及多谐振荡器等电路，因此使用相当广泛。

555 定时器的功能说明见表 8-1，其外形及引脚如图 8-2 所示。

表 8-1　555 定时器的功能说明

引　脚	名　　称	引 脚 作 用
1	GND（接地端）	接地，作为低电平（0V）
2	$\overline{\text{TR}}$ （触发输入端）	当此引脚电压降低至 $U_{CC}/3$（或由控制端决定的阈值电压）时输出端输出高电平

续表

引 脚	名 称	引 脚 作 用
3	OUT（输出端）	输出高电平（+U_{CC}）或低电平
4	$\overline{RD}$（复位端）	当此引脚接高电平时定时器工作，反之芯片复位，输出低电平
5	CO（控制电压输入端）	控制芯片的阈值电压（当此引脚悬空时默认阈值电压为 $U_{CC}/3$ 与 $2U_{CC}/3$）
6	TH（阈值输入端）	当此引脚电压升至 $2U_{CC}/3$（或由控制端决定的阈值电压）时输出端输出低电平
7	DIS（放电端）	内接 OC 门，用于给电容放电
8	U_{CC}（电源端）	提供高电平并给芯片供电

（a）封装贴片外形　　　（b）封装外形　　　（c）引脚

图 8-2　555 集成定时器

2．NE555 的逻辑功能

555 定时器的逻辑功能见表 8-2 所示。

表 8-2　555 定时器的逻辑功能

$\overline{RD}$	TH	$\overline{TR}$	OUT	放电管 T	功 能
0	×	×	0	导通	直接清零
1	>$2U_{CC}/3$	>$U_{CC}/3$	1	截止	置 1
1	<$2U_{CC}/3$	<$U_{CC}/3$	0	截止	置 1
1	<$2U_{CC}/3$	>$U_{CC}/3$	保持原状态	保持上一状态	保持上一状态
1	>$2U_{CC}/3$	<$U_{CC}/3$	0	导通	清零

3．NE555 的工作原理

如图 8-3 所示，它含有两个电压比较器，一个基本 RS 触发器，一个放电开关 T，比较器的参考电压由 3 只 5kΩ 的电阻器构成分压，它们分别使高电平比较器 C_1 的同相比较端和低电平比较器 C_2 的反相输入端的参考电平为 $2U_{CC}/3$ 和 $U_{CC}/3$。C_1 和 C_2 的输出端控制 RS 触发器状态和放电管开关状态。当输入信号输入并超过 $2U_{CC}/3$ 时，触发器复位，555 的输出端引脚 3 输出低电平，同时放电，开关管导通；当输入信号自引脚 2 输入并低于 $U_{CC}/3$ 时，触发器置位，555 的引脚 3 输出高电平，同时放电，开关管截止。

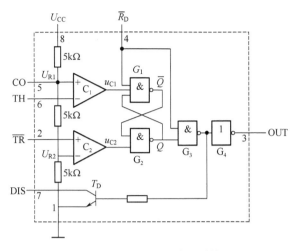

图 8-3　555 定时器内部结构

$\overline{R}_D$ 是复位端，当其为 0 时，555 输出低电平。平时该端开路或接 U_{CC}。

CO 是控制电压端（引脚 5），平时输出 $2U_{CC}/3$ 作为比较器 A1 的参考电平，当引脚 5 外接一个输入电压，即改变了比较器的参考电平，从而实现对输出的另一种控制，在不接外加电压时，通常接一个 $0.01\mu F$ 的电容器并接到地，起滤波作用，以消除外来的干扰，以确保参考电平的稳定。

T 为放电管，当 T 导通时，将给接于引脚 7 的电容器提供低阻放电电路。

二、集成 555 定时器的应用

555 电路在应用和工作方式上一般可归纳为 3 类。每类工作方式又有很多个不同的电路。在实际应用中，除了单一品种的电路外，还可组合出很多不同电路，如多个单稳、多个双稳、单稳和无稳、双稳和无稳的组合等。这样一来，电路变得更加复杂。为了便于我们分析和识别电路，更好地理解 555 电路，这里我们只按 555 电路的结构特点进行分类和归纳，把 555 电路分为 3 大类、8 种，共 18 个单元电路。每个电路除画出它的标准图形，指出它的结构特点或识别方法外，还给出了计算公式和其用途，方便了大家识别、分析 555 电路。下面将分别介绍这 3 类电路。

1．单稳态触发电路

单稳态触发器是只有一个稳定状态的触发器；在没有外界信号时，电路将保持这一稳定状态不变；但在外界触发信号作用下，电路将会从原来的稳态翻转到另一个状态；但是这一状态是暂时的，在经过一段时间后，电路将自动返回到原来的稳定状态。因此，单稳态触发器常用于脉冲的整形和延时。

1）分类

单稳态触发器可分为人工启动型单稳态触发器、脉冲启动型单稳态触发器和压控振荡器 3 种共 6 个单元，见表 8-3。

表8-3　单稳态触发器

名　　称	图型结构	特　点	公　式	用　途
人工启动型单稳态触发器		$R—6—2—C_2$，人工启动，$U_o=0$，稳态；$U_o=1$，暂态	$T_d=1.1RC_2$	用于定时或延时
		$C_2—6—2—R$，人工启动，$U_o=0$，暂态；$U_o=1$，稳态	$T_d=1.1RC_2$	用于定时或延时
脉冲启动型单稳态触发器		$R—6—7—C_2$，2输入信号，外脉冲启动或人工启动	$T_d=1.1RC_2$	用于定时、延时、消抖动、分频、脉冲输出等
		$R_2—6—7—C_3$，2输入信号，外脉冲启动带 RC 微分电路	$T_d=1.1RC_2$	用于定时、延时、消抖动、分频、脉冲输出等
压控振荡器		$R_2—6—7—C_2$，2端输入被调制脉冲，5 端加调制信号 U_{ct}（别名：PWM）	—	脉冲调制、压频变化和A/D转换等
		$R_2—6—7—C_2$，输入端带反馈，运放等辅助元器件（别名：VFC）	—	脉冲调制、压频变化和A/D转换等

2）应用

（1）波形整形。

通过单稳态电路将不规则的输入信号 u_i 整形为幅度和宽度都相同或规则的矩形脉冲波 u_o，如图 8-4 所示。

（2）延时器。

单稳态电路的输出信号 u_o 的下降沿总是滞后于输入信号 u_i 的下降沿，而且滞后时间就是脉冲的宽度 t_w，如图 8-5 所示，所以可利用这种滞后作用来达到延时的目的。

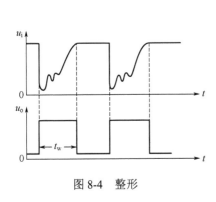

图 8-4　整形

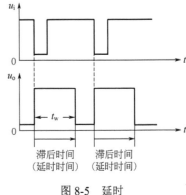

图 8-5　延时

（3）定时器。

定时器是利用单稳态电路输出的脉冲信号作为定时控制信号，脉冲宽度就是控制（定时）时间。

2．双稳态触发电路

1）分类

见表 8-4，555 双稳态触发电路可分成两种。第一种是触发电路，有双端输入和单端输入两个单元。其中，单端输入可以是 6 端固定，2 端输入；也可以是 2 端固定，6 端输入。第二种是施密特触发电路。

表 8-4　双稳态触发电路

名　称	别　名	图型结构	特　点	用　途
触发电路	双限比较器或锁存器		有 R 和 S 两端输入，两输入的阈值电压不同，输入无 C	比较器、电子开关、检测电路等
	检测比较器		一端固定，一端输入，输入无 C	比较器、电子开关、检测电路等

续表

名　称	别　名	图型结构	特　点	用　途
施密特触发电路	滞后比较器或反相比较器		6 和 2 端短接输入，输入无 C，有滞后电压 $\triangle U_T$	电子开关、监控报警和脉冲整形等
	阈值电压可调的施密特触发电路		6 和 2 端短接输入，变化 R_1、R_2 或改变 U_{CT} 以调整阈值电压	方波输出和脉冲整形等

2）应用

电路从第一稳态翻转到第二稳态，然后再从第二稳态翻转到第一稳态，两次翻转所需的触发电平不相同，其差值称为回差电压。因此，施密特触发器常用于脉冲的整形或波形变换，如正弦波、三角波等变换为矩形波输出。

（1）波形变换（见图 8-6）。

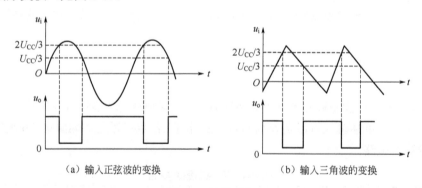

（a）输入正弦波的变换　　　　（b）输入三角波的变换

图 8-6　波形变换

通过施密特触发器可以将连续变化、缓慢变化的输入信号 u_i（如正弦波或三角波等）变换为矩形脉冲波信号 u_o 输出，如图 8-6 所示。由于两个输入端 TH 和 $\overline{\text{TR}}$ 连接在一起，所以从表 8-2 所示的 555 定时器逻辑功能很容易理解波形变换的全过程。

输入信号上升过程：当输入 $u_i \leqslant U_{CC}/3$ 时，输出 $u_o =1$；当 $U_{CC}/3 <u_i <2U_{CC}/3$ 时，输出端将保持 $u_o =1$；当输入 $u_i \geqslant 2U_{CC}/3$ 时，输出端 $u_o =0$。

输入信号下降过程：当 $U_{CC}/3 <u_i <2U_{CC}/3$ 时，输出端将保持 $u_o =0$；当输入 $u_i \leqslant U_{CC}/3$ 时，输出端 $u_o =1$。

上述过程又称为信号的输入/输出特性或传输特性，如图 8-7 所示。

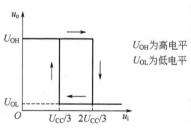

U_{OH} 为高电平
U_{OL} 为低电平

图 8-7　输入/输出特性

由上述波形变换过程可看出，施密特触发器有两个稳定状态：第一稳态 $u_o = 1$，第二稳态 $u_o = 0$，所以是一个双稳态电路。从第一稳态翻转到第二稳态和从第二稳态翻转到第一稳态的触发电平值不同，其差值 $2U_{CC}/3 - U_{CC}/3 = U_{CC}/3$ 称为回差电压，显然这一回差电压值是不变的。

（2）波形整形。

当信号在传输过程中受到干扰，导致波形变差或变得不规则，如顶部不平整、前后沿变形等；可通过施密特触发器对受到干扰的信号进行整形以消除干扰。如图 8-8 示，输入脉冲信号 u_i 波形的顶部不平整，经施密特触发器和一级反相器后，输出信号 u_o 波形的顶部平整，即整形及排除干扰。

（3）波形幅度鉴别。

根据施密特触发器的原理，对于幅度不等的输入信号，只有当其幅度达到 $2U_{CC}/3$ 时才能够使施密特触发器翻转，在输出端才有脉冲信号输出，如图 8-9 所示。

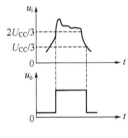

图 8-8　波形整形

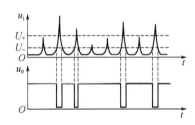

图 8-9　波形幅度鉴别

3．多谐振荡电路

多谐振荡电路即无稳电路，只有两个暂态，在无须外界信号作用下，就能在两个暂态之间自行转换，从而产生一定频率的矩形波脉冲。因此，多谐振荡器广泛应用于脉冲信号发生器。它是 555 电路中应用最广的一类，电路的变化形式也最多。为简单起见，也把它分为 4 种，见表 8-5。

表 8-5　多谐振荡电路

名　　称	图 型 结 构	特　　点	公　　式	用　　途
直接反馈型	（电路图：R_A，555，引脚 6 4 8，2 5 1，3，U_{CC}，U_o，C，C_1）	$R_A—6—2—C$；R_A 与 U_o 相连	$T_1 = T_2 = 0.693RAC$；$T = 0.722/R_A C$	用于方波输出、音响警告及电源变换等

名　称	图　型　结　构	特　　点	公　式	用　　途
直接反馈型		$7-R_B-6-2-C$；7 与 U_o 相连	$T_1=T_2=0.693R_AC$；$T=0.722/R_AC$	用于方波输出、音响警告及电源变换等
间接反馈型		$R_A-7-R_B-6-2-C$；R_A 与 U_{CC} 相连	$T_1=0.693（R_A+R_B）C$；$T_2=0.693R_BC$；$F=1.443/（R_A+2R_B）C$	脉冲输出、音响警告、家电控制、电子玩具、检测仪、电源变换和定时器等
间接反馈型		$R_A-7-R_B-6-2-C$；R_A 与 U_{CC} 相连，VD 与 R_B 并联	$T_1=0.693R_AC$；$T_2=0.693R_BC$；$R_A=R_B$ 时 $T_1=T_2$；$F=0.722/（R_AC）$	方波输出、音响警告、家电控制、检测仪、电源变换和定时器等
占空比可调的脉冲振荡电路		7 端和 6 端上下为 R 和 C，中间有 R 和 R_P 并联；$R_A=R_1+R_A'$；$R_B=R_2+R_B'$	$T_1=0.693R_AC$；$T_2=0.693R_BC$；$F=1.443/（R_A+R_B）C$	脉冲输出、音响警告、家电控制、电子玩具、检测仪、电源变换和定时器等
占空比可调的脉冲振荡电路		7 端和 6 端上下为 R 和 C，中间有 R 和 R_P 并联；$R_A=R_1+R_A'$；$R_B=R_2+R_B'$	$T_1=0.693R_AC$；$T_2=0.693R_BC$；$F=1.443/（R_A+R_B）C$	脉冲输出、音响警告、家电控制、电子玩具、检测仪、电源变换和定时器等

续表

名　　称	图型结构	特　　点	公　式	用　途
压控振荡器	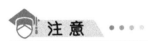	R_A—7—6—2—C；5 端加输入信号 U_I 或控制，电压控制 VCT	$F=1.443/（R_A+2R_B）C$	脉宽调制、A/D 转换等
		R_A—7—6—2—C；输入信号有 U_I、运放等辅助器件	$F=1.443/（R_A+2R_B）C$	脉宽调制、A/D 转换等

注意 • • • •

　　无稳电路的输入端一般都有两个振荡电阻和一个振荡电容。只有一个振荡电阻的可以认为是特例。

知识拓展

555 定时器的具体应用

1．简易催眠器

　　由时基电路 555 构成一个极低频振荡器，输出一个个短的脉冲，使扬声器发出类似雨滴的声音，如图 8-10 所示。扬声器采用 2in、8Ω 小型动圈式。雨滴声的速度可以通过 $100k\Omega$ 电位器来调节到合适的程度。如果在电源端增加一简单的定时开关，则可以在使用者进入梦乡后及时切断电源。

2．直流电机调速控制电路

　　如图 8-11 所示，这是一个占空比可调的脉冲振荡器。电动机 M 是用它的输出脉冲驱动的，脉冲占空比越大，电动机电驱电流就越小，转速减慢；脉冲占空比越小，电动机电驱电流就越大，转

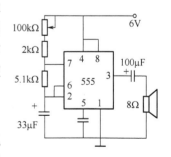

图 8-10　简易催眠器

速加快。因此调节电位器 R_P 的数值可以调整电动机的速度。如果电极电驱电流不大于 200mA 时，可用 CB555 直接驱动；如果电流大于 200mA，应增加驱动级和功放级。

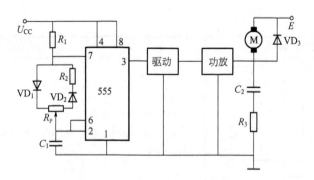

图 8-11　直流电机调速控制电路

图 8-11 中，VD_3 是续流二极管，在功放管截止期间为电驱电流提供通路，既保证电驱电流的连续性，又防止电驱线圈的自感反电动势损坏功放管。电容 C_2 和电阻 R_3 是补偿网络，它可使负载呈电阻性。整个电路的脉冲频率选在 3～5kHz 之间。频率太低时电动机会抖动，太高时因占空比范围小，使电动机调速范围减小。

3．D 类放大器

我们知道 D 类放大器具有体积小、效率高的特点。这里介绍一个用 555 电路制作的简易 D 类放大器。它是利用 555 电路构成一个可控的多谐振荡器，音频信号输入控制端得到调宽脉冲信号，如图 8-12 所示，基本能满足一般的听音要求。

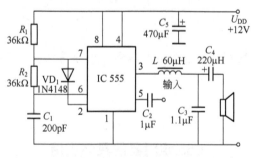

图 8-12　D 类放大器

由 IC 555 和 R_1、R_2、C_1 等组成 100kHz 可控多谐振荡器，占空比为 50%，控制端引脚 5 输入音频信号，引脚 3 便得到脉宽与输入信号幅值成正比的脉冲信号，经 L、C_3 调谐、滤波后推动扬声器。

学习任务 2　门铃电路的安装与调试

一、原理分析

门铃电路如图 8-13 所示。

门铃电路由多谐振荡电路、三极管放大和扬声器 3 个环节组成。本电路是以一块 555 时基电路为核心组成的双音门铃，当按下按钮，它发出双音的声音。

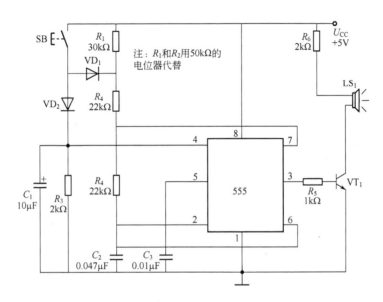

图 8-13　门铃电路

555 定时器和 $R_1 \sim R_4$、VD_1、VD_2、C_1、C_2 等组成一个多谐振荡器。SB 为门上的按钮开关，平时处于断开状态。

开关 SB 是门上的按钮开关，在没有按下的时候，C_1 无法接通不进行充电，因而 C_1 处的电压为 0，端口 4（复位端）一直处于低电平，导致端口 3 输出一直为 0，扬声器无法工作。C_2 通过 R_1、R_2、R_4 进行充电，充满电后，其电压约为电源电压。

当闭合开关 SB 时，U_{CC} 的电流流过二极管 VD_2 对 C_1 进行充电，其两端电压升高，端口 4 的电压也开始逐渐升高。当 C_1 端电压上升为高电平时，即端口 4 输入的是高电平，555 定时器启动，所以 VD_1、R_4 和 C_2 组成的多谐振荡器开始工作，输出频率 f_1 为

$$f_1 = 1/0.7(R_D + 2R_4)C_2$$

式中，R_D 为二极管导通时电阻。

当断开开关 SB 时，R_3 和 C_1 组成回路，C_1 开始放电。同时，R_2、R_4 和 C_2 组成多谐振荡器开始工作，输出频率为 f_2。当 C_1 放电完毕的时候，端口 4 又恢复低电平，555 定时器停止工作。

$$f_2 = 1/0.7(R_1 + 2R_4)C_2$$

输出端接扬声器，输出端有电流时就会使扬声器发声。输出端频率不同时，发出的声音就不同。本电路中设计了两种不同的频率，因此扬声器就会发出双音（两种不同的声音）。

（1）多谐振荡电路：由 555 定时器和 $R_1 \sim R_4$、VD_1、VD_2、C_1、C_2 等组成一个多谐振荡器，其作用是产生振荡频率。

（2）三极管放大电路：由 R_5、R_6、Q_1 等元器件组成，其作用是放大振荡器输出的频率使之能够驱动扬声器发声。

（3）扬声器：LS_1 是扬声器，其作用是发出双音。

综上所述，静态时门铃不响，按下时按 f_1 频率响，扬声器发出声音 1，松开时按 f_2 频率响，扬声器发出声音 2。

如要改变声音的频率 1：减小 R_2、R_4、C_2，频率变大，反之则变小。

如要改变声音的频率 2：减小 R_1、R_2、R_4、C_2，频率变大，反之则变小。

如要改变声音持续的时间：减小 C_1、R_3，则持续时间变短，反之则变长。

二、电路安装

安装之前请不要急于动手，应先查阅相关的技术资料及说明，然后对照原理图，了解元器件清单，并分清各元器件，了解各元器件的特点、作用、功能，同时核对元器件数量。

焊接前应注意以下几点。

（1）555 集成电路方向不要搞反，有缺口左面是引脚 1。

（2）电源和地不要忘记。

（3）二极管和三极管的方向要接对。

（4）为了方便调试，可以把 R_1、R_2 换成 50kΩ 的电位器。

门铃电路元器件清单见表 8-6。

表 8-6 门铃电路元器件清单

序　号	配件图号	名　称	规格型号	数量（只）
1	555	555 定时器 IC 及底座	NE555P	1
2	VD_1、VD_2	二极管	1N4007	2
3	SB	按钮开关		1
4	R_1	电阻	30kΩ	1
5	R_2、R_4	电阻	22kΩ	2
6	R_3、R_6	电阻	2kΩ	2
7	R_5	电阻	1kΩ	1
8	C_1	电容	10μf	1
9	C_2	电容	0.047μf	1
10	C_3	电容	0.01μf	1
11	LS_1	扬声器 B	0.25Ω/8W	1
12		其余配件		若干

三、通电调试

1. 通电前自检

（1）仔细检查已完成的装配是否准确——包括组件位置、极性组件的极性、引脚之间有无短路、连接处有无接触不良等。

（2）焊接是否可靠——无虚焊、漏焊及搭锡，无空隙、毛刺等。

（3）连线是否正确——无错线、少线和多线。

（4）电源端对地是否存在短路——在通电前，断开一根电源线，用万用表检查电源端对地是否存在短路。

2. 通电调试

具体可参见工作页。

门铃电路布线图如图 8-14 所示。门铃电路安装实物如图 8-15 所示。

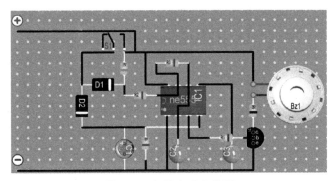

图 8-14　门铃电路布线图

图 8-15　门铃电路安装实物

项目总结

555 电路的结构特点进行分类和归纳，把 555 电路分为 3 大类、8 种，共 18 个单元电路，见表 8-7。

表 8-7　555 电路的分类

类　型	种　类	单　元
单稳态触发器	人工启动型单稳触发器	人工启动型单稳 1
		人工启动型单稳 2
	脉冲启动型单稳触发器	脉冲启动型单稳 1
		脉冲启动型单稳 2
	压控振荡器	单稳型 VCO1
		单稳型 VCO2
双稳态触发电路	触发电路	RS 触发器
		单端比较器
	施密特触发电路	施密特触发电路
		阈值电压可调的施密特触发电路

续表

类　型	种　类	单　元
多谐振荡电路（无稳态）	直接反馈型	直接反馈型无稳 1
		直接反馈型无稳 2
	间接反馈型	间接反馈型 1
		间接反馈型 2
		占空比可调脉冲振荡电路 1
		占空比可调脉冲振荡电路 2
	压控振荡器	无稳型 VCO1
		无稳型 VCO2

练习与思考

一、填空题

1. 单稳态分为＿＿＿＿＿＿＿＿、＿＿＿＿＿＿＿＿和＿＿＿＿＿＿＿三种类型。

2. 门铃电路由＿＿＿＿＿＿＿、＿＿＿＿＿＿＿和＿＿＿＿＿＿三个环节组成。

3. 无稳态电路也称为＿＿＿＿＿＿＿。

4. 多谐振荡器只有两个＿＿＿＿＿＿＿态，没有＿＿＿＿＿＿状态。

5. 单稳态触发器有＿＿＿＿＿＿＿状态和＿＿＿＿＿＿＿状态。

6. 施密特触发器有＿＿＿＿＿＿状态。

7. 多谐振荡器分为＿＿＿＿＿＿＿、＿＿＿＿＿＿＿和＿＿＿＿＿三种类型。

8. 双稳态分为＿＿＿＿＿＿＿＿和＿＿＿＿＿＿＿＿＿两种类型。

9. 单稳态电路的应用主要有＿＿＿＿＿＿＿＿、＿＿＿＿＿＿＿等。

10. 555 集成定时器的 GND 端为电路的＿＿＿＿＿端，CO 端为＿＿＿＿＿端，　　TH 端为＿＿＿＿＿端，D 端为＿＿＿＿＿端。

二、选择题

1. 下列（　　）波形不是脉冲信号。

　　A. 矩形　　　　　　　　B. 正弦　　　　　　　C. 尖峰

2. （　　）只有两个暂态。

　　A. 施密特触发器　　　　B. 单稳态触发器　　　C. 多谐振荡器

3. 多谐振荡器有（　　）稳态。

　　A. 一个　　　　　　　　B. 两个　　　　　　　C. 没有

4. 单稳态触发器有（　　）暂态。

　　A. 一个　　　　　　　　B. 两个　　　　　　　C. 没有

5. 施密特触发器有（　　）稳定状态。

　　A. 一个　　　　　　　　B. 两个　　　　　　　C. 没有

6. 555 集成定时器的 OUT 端是（　　）。

　　A. 接地　　　　　　　　B. 控制　　　　　　　C. 输出

7. 施密特触发器的输入信号$\leq U_{CC}/3$时，输出端 OUT 为（　　）。

  A．0　　　　　　　　　　B．1　　　　　　　　　　C．不确定

8. 在本项目中三极管的作用是（　　）。

  A．放大　　　　　　　　　B．开光　　　　　　　　　C．调节

9. 在本项目中改变"叮"声的频率，（　　）R_2、R_4、C_2，频率变大，反之则变小。

  A．减少　　　　　　　　　B．增大　　　　　　　　　C．不变

10. 在本项目中如果要改变"咚"声持续的时间：（　　）C_1、R_3，则持续时间变短，反之则变长。

   A．不变　　　　　　　　B．增大　　　　　　　　　C．减少

三、判断题

1．脉冲可以是周期性变化，也可以是非周期性或单次的。（　　）

2．多谐振荡器只有两个暂态，无稳态。（　　）

3．单稳态触发器是矩形波脉冲信号的整形电路。（　　）

4．多谐振荡器在外界信号作用下，就能在两个暂态之间自行转换。（　　）

5．单稳态触发器在没有外界信号时，电路将保持这一稳定状态不变。（　　）

6．在本项目中三极管具有放大作用。（　　）

7．单稳态触发器在外界触发信号作用下，电路将发生翻转。（　　）

8．施密特触发器有两个稳定状态。（　　）

9．555 集成定时器的 CO 端若不外加控制电压或不使用时，不可悬空而接地。（　　）

10．通过施密特触发器可以使受到干扰的信号完全消除干扰。（　　）

四、综合题

1．简述本项目门铃电路的工作原理。

2．简述集成 555 定时器的工作原理。

项目 **9** 电子电路的综合应用

项目介绍

　　到企业参观学习是每一个职业院校学生必须拥有的经历，它能促使学生在实践中了解社会的需求，在实践中巩固自己的知识；企业参观学习也是对每一个学生专业知识与素养的一种检验，除了能学到平时在课堂上学不到的知识，又开阔了视野，为同学们将来走向社会打下坚实的基础。

　　本项目通过到电子产品生产企业参观学习，了解电子产品整机生产与装配工艺，并了解企业安全生产、节能环保和产品质量的相关规定。

　　此外，通过对物联网空气质量监测系统的介绍学习，让学生综合了解电子电路的应用，并展示了目前流行的电子电路应用，这有助于学生了解电子电路的发展趋势，提升学生学习兴趣。

学习目标

　　1. 能描述电子产品的生产环境、生产设备。
　　2. 能说出电子产品生产制造的工艺流程。
　　3. 能利用所学知识识读技术文件。
　　4. 形成电子企业从业的职业道德规范及安全生产、节能环保意识。
　　5. 能撰写调查报告。
　　建议课时：12 课时（可利用课余时间完成）

学习活动建议

　　1. 本项目的参观环节可以视学校和企业具体情况提前安排。
　　2. 电子电路的综合应用 —— 设计制作基于物联网的空气质量监测系统可作为选做内容，学生可以自行设计制作电子产品。

相关知识

学习任务 1　参观电子产品生产企业

　　（1）工厂主要危险、有害因素是：火灾、爆炸、化学灼伤。认定所用化学品是否有毒，对任何化学品要有一定的警惕心里，接触前后，都有必要询问有关技术人员了解它的化学物理特性，做到心中有数。闻到或接触到化学品，不必慌张。一般接触到化学品都可以先用大量水洗，然后征求公司人员意见，就医；闻到异味以后，立刻往上风头走，呼吸到新鲜空气即可，严重的要就医、吸氧。在生产区时，如果头顶有液体滴落，切忌不要抬头查看。

（2）工厂区域内除指定吸烟室外，禁止吸烟。

（3）特殊易燃易爆车间禁止带手机、带明火等；生产装置、储存区禁止使用手机、照相机等产生火花的电器设备。

（4）进入生产装置、储存区禁止穿化纤类衣服及带铁钉的鞋。

（5）禁止动用工厂任何设备、设施。

（6）在危险区域，如吊装区域、动火区域，禁止逗留。

（7）切忌好奇。听到奇怪的响声，看到奇怪的现象，除非你是专业人员，否则要强忍你的好奇，首先告诉相关管理技术人员，然后有多远走多远，事后再了解详情也不晚。

（8）工厂实行交通管制，禁止车辆驶入，区域未经批准严禁通行。

（9）生产出现异常时严禁参观。

（10）参观期间请严格听从工厂陪同人员的指挥和安排。

学习任务 2　基于物联网的空气质量监测系统

一、概述

物联网是新一代信息技术的重要组成部分，也是信息化时代的重要发展阶段。顾名思义，物联网就是物物相连的互联网。物联网包括两层意思：其一，物联网的核心和基础仍然是互联网，是在互联网基础上的延伸和扩展的网络；其二，其用户端延伸和扩展到了任何物品与物品之间，进行信息交换和通信，也就是物物相息。物联网通过智能感知、识别技术与普适计算等通信感知技术，广泛应用于网络的融合中，也因此被称为继计算机、互联网之后世界信息产业发展的第三次浪潮。物联网是互联网的应用拓展，与其说物联网是网络，不如说物联网是业务和应用。

Yeelink 是互联网上一个开放的通用物联网平台，主要提供传感器数据的接入、存储和展现服务，为所有的开源软硬件爱好者、制造型企业提供一个物联网项目的平台。利用网络开放的云数据平台，不但能够快速以极低的成本制作产品 DEMO 原型，还能直接将产品放到 Yeelink平台上运行，未来在大量扩容的时候也不用操心应用和架构升级。当开发基于 Yeelink 云端的空气质量监测系统时，用户能利用套件进行系统的组装与调试，能让我们专注于物联网终端硬件开发与维护的同时，加深对云控制的了解，对基于云平台的物联网控制有一个整体的认识，把传感器—控制系统—云端平台有机结合成一个整体。

基于物联网的空气质量监测系统能有效地对空气温度、湿度、灰尘密度等进行监测，监测的数据在系统的显示屏上实时显示并上传到互联网云端数据平台,用户可以利用计算机通过互联网远程观测各项数据图表。

二、系统介绍

1. 系统硬件

基于物联网的空气质量监测系统如图 9-1 所示。

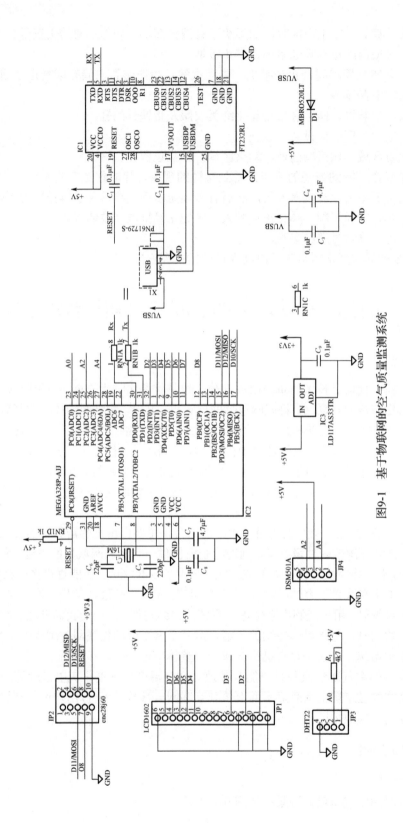

图9-1 基于物联网的空气质量监测系统

基于物联网的空气质量监测系统应用如图 9-2 所示。基于物联网的空气质量监测系统框图如图 9-3 所示。

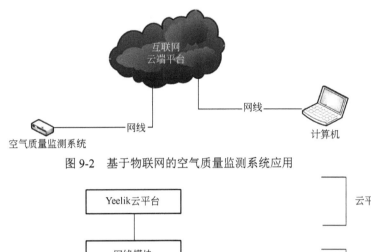

图 9-2　基于物联网的空气质量监测系统应用

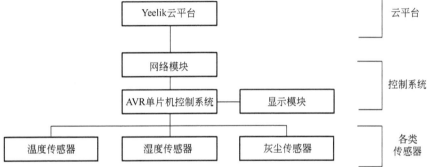

图 9-3　基于物联网的空气质量监测系统框图

2. 云平台数据观测

用户利用计算机通过互联网远程观测各项数据图表，所有数据图表以网页形式进行显示，用户输入相对应的网址即可，如图 9-4、图 9-5、图 9-6 所示。

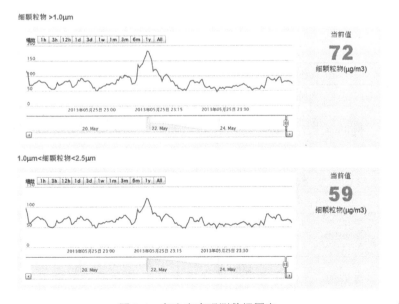

图 9-4　灰尘密度观测数据图表

温度

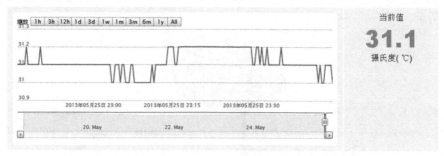

图 9-5　温度观测数据图表

湿度

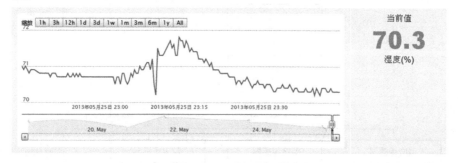

图 9-6　湿度观测数据图表

3. 参数介绍

整机工作电压：5V。

整机工作电流：1000mA。

温湿度传感器模块型号：DHT22。

灰尘传感器模块采用 DSM501A，工作参数见表 9-1。

表 9-1　工作参数

工作电压范围		DC（5.0±0.5）V
输出方式		PWM 脉宽调制
输出电压	低电平（有粒子时）	0.7V（max 1.0V）
	高电平（洁净空气时）	4.3V（min 4.0V）
最小粒子检出能力		1μm
检测范围		15 000 个/283ml
工作电流（最大值）		90mA
湿度范围	储存环境	最大 90%（不超过 48h）
	工作环境	最大 90%（不超过 48h）
温度范围	储存环境	−20～80℃
	工作环境	−10～60℃
稳定时间		加热器电源接通后约 1min

4. 程序设计

控制系统采用 Arduino Duemilanove 作为核心控制板, 如图 9-7 所示。Arduino 是一个基于 AVR 系列单片机和 ARM 控制器的开源软硬件平台, 其具有丰富的外围模块, 简单易用的开发语言、开发环境及大量的源码库, 在近几年的机器人、智能家居等领域得到迅速的发展及广泛的应用。软件开发采用类 C++语言的高级语言。硬件图纸、各类源码库及开发环境均可在 Arduino 的官方网站免费下载, 并按照自己的需要进行修改。Arduino Duemilanove 采用 ATmega328P-PU 控制器, 其特点为: Digital I/O 数字输入/输出端共 0~13; Analog I/O 模拟输入/输出端共 0~5; 支持 USB 接口协议及供电; 支持 ISP 下载功能等。

Arduino 的程序包含有 setup 函数和 loop 函数, setup 函数在系统上电或复位后运行一次, 完成一些系统初始化及一次性的工作, 之后系统进入 loop 函数, loop 函数是 Arduino 程序的主体, 是一个无限循环的过程。loop 函数完成对温度、湿度、灰尘密度等传感器数据的收集、处理、打包发送。系统 loop 函数流程如图 9-8 所示。

图 9-7 开发板控制

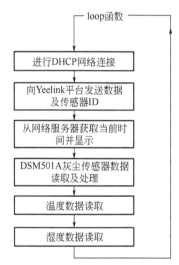

图 9-8 系统 loop 函数流程

项目总结

1. 到企业参观学习是每一个职业院校学生必须拥有的经历, 它能促使学生在实践中了解社会的需求, 在实践中巩固自己的知识; 企业参观学习也是对每一个学生专业知识与素养的一种检验, 除了能学到平时在课堂上学不到的知识, 还能开阔视野, 为同学们将来走向社会打下坚实的基础。

2. 物联网是新一代信息技术的重要组成部分, 也是"信息化"时代的重要发展阶段。物联网通过智能感知、识别技术与普适计算等通信感知技术, 广泛应用于网络的融合中, 也因此被称为继计算机、互联网之后世界信息产业发展的第三次浪潮。

参考文献

[1] 李乃夫. 电子技术基础与技能[M]. 2 版. 北京：高等教育出版社，2014.

[2] 胡峥. 电子技术基础与技能 [M]. 北京：机械工业出版社，2010.

[3] 何远英. 电子产品的安装与调试 [M]. 北京：中南大学出版社，2014.

[4] 曾令琴. 电子技术基础 [M]. 2 版. 北京：人民邮电出版社，2010.

[5]人力资源和社会保障部教材办公室. 简单电子线路的装接与维修[M]. 北京：中国劳动社会保障出版社，2013.

[6] 赵志群. 职业教育工学一体化课程开发指南 [M]. 北京：清华大学出版社，2009.

目　　录

项目 **1** 识别和检测电子元器件

项目介绍

在信息时代的今天，各类电子产品充斥在我们身旁，足不出户便可通过计算机、手机等电子设备接入互联网进行工作、学习、购物。它们有一个共同点：无论哪种电子产品，都是由基本电子元器件构成的。

本项目要求使用常用工具及仪表认识和检测常用的电子元器件，如图 1-1 所示，并掌握一定的焊接技术，为接下来的实际应用打下基础。

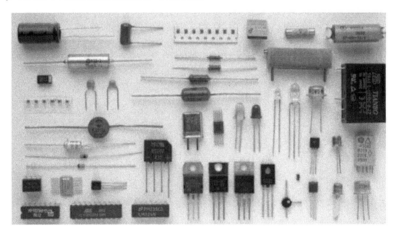

图 1-1 常用的电子元器件

学习目标

1. 会使用电子装接工具及材料完成简单电子电路的拆焊与焊接。
2. 会使用万用表、示波器等常用仪器仪表测量电压、电流、电阻等电路参数。
3. 会使用仪器仪表识别及检测电阻、电容、电感等常用电子元器件。
4. 能根据测量结果绘制信号波形图，记录参数并做简单分析。
5. 能撰写学习记录及小结。

建议课时：12 课时

学习活动建议

1. 教师根据"工作页"提前准备学习资源（包括学习资料、工具、材料、仪表等）。
2. 学生根据"工作页"指引，通过查阅"相关知识"等资料完成学习。

3. 学生及教师根据评价材料完成项目学习评价。

工作页

学习准备

1. 分组、分工情况（见表 1-1）

表 1-1

姓　名	分　工	职　责	备　注
	组长	统筹协调小组活动	1 人
	记录员	记录实验数据	1～2 人
	宣传员	收集学习资料、图片	1～2 人
	多面手	根据组长分工完成具体任务	多人

2. 学习资源

学生：教材、工作页、文具、电烙铁、镊子、偏口钳、万用表等。

教师：教材、工作页、电烙铁架、助焊剂、焊锡、废旧电路板、相关电子元器件、双踪示波器、函数信号发生器、可调直流稳压源、万用表等。

明确任务

1. 任务导入

（1）学生观看电子产品生产过程的视频，列出电子产品生产的流程。

（2）查阅资料，说出下列电子焊接工具及材料的名称及用途，见表 1-2。

表 1-2　电子焊接工具及材料

序　号	实　物	名　称	用　途
1			
2			

续表

序 号	实 物	名 称	用 途
3			
4			
5			
6			
7			
8			
9			

续表

序　号	实　物	名　称	用　途
10	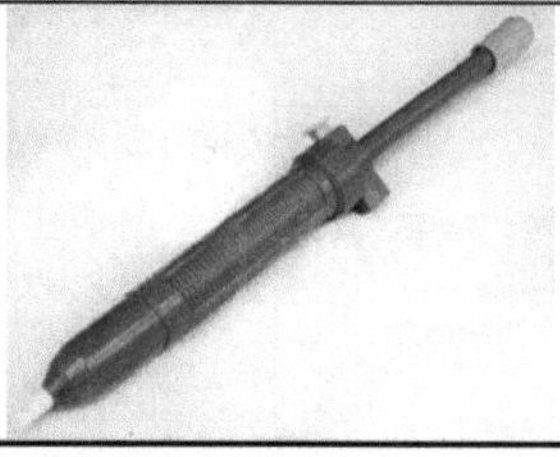		

2．明确任务——识别和检测电子元器件

具体要求如下。

（1）每位同学分发一块废旧电路板，完成拆焊和焊接练习。

（2）练习常用仪器仪表的使用。

（3）按要求完成常见电子元器件的识别和检测。

制订计划

小组开展信息检索，根据任务要求制订工作计划，见表1-3。

表1-3　第＿＿＿小组工作计划表

学习环节	内　容	完成时间	完成情况	负责人
一、电路的焊接及工艺	1. 焊接准备			
	2. 电路的焊接、拆焊工艺练习			
二、常用电子仪器仪表的使用	1. 常用电子仪器仪表的认识			
	2. 万用表和直流稳压电源的使用			
	3. 示波器和函数信号发生器的使用			
三、基本电子元器件的识别与检测	1. 常见电子元器件的认识			
	2. 常见电子元器件的检测			

做出决策

（1）各小组对本组制订的计划方案进行展示与说明。

（2）小组互评和教师点评。

（3）对计划进行修改。

（4）确定方案。

实施计划

一、电路的焊接及工艺

1. 焊接准备

查阅相关资料，完成下面的练习。

（1）你使用的是_____类型_____W 的电烙铁，选用依据是什么？

（2）新电烙铁在使用前要先做什么？

（3）列出手工焊接五步法。

（4）元器件插装应遵循的一般原则是什么？

（5）判断下列不合格焊点属于哪种情况？并分析形成原因，见表 1-4。

表 1-4

序　号	实物图	名　称	形成原因
1			
2			
3			
4			
5			

序　号	实物图	名　称	形成原因
6	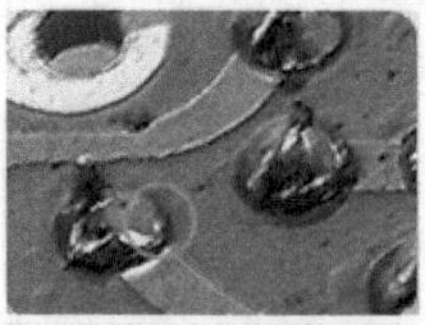		
7			
8			
9	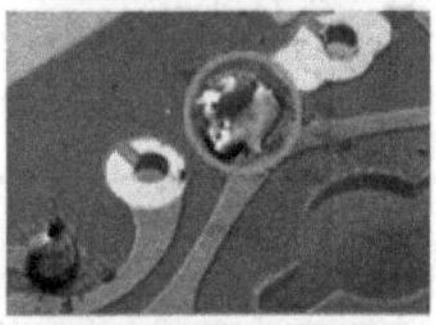		
10	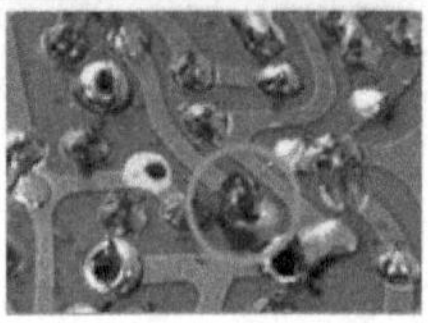		

2．电路的焊接、拆焊工艺练习

（1）将废旧电路板上的元器件利用电烙铁等工具完整拆卸下来。

（2）将电阻、电容、导线等焊接到万能板上（焊接的数量由教师按实际情况布置）。

（3）完成焊接工艺评价，见表1-5。

表1-5　焊接工艺评价表

评价项目	评价内容	配　分	评价方式		
			自我评价	小组评价	教师评价
元器件安装	1．电子元器件的安装是否正确 2．电子元器件的摆放是否整齐	20分			
焊点工艺	1．焊点圆滑、光亮、牢固，大小是否均匀呈圆锥形； 2．有无出现虚焊、漏焊、错焊、桥接、堆焊、拉尖、拖尾等现象	30分			
整洁程度	1．工具、元器件、电路板摆放是否整齐 2．电路板是否平整，有无出现变形 3．电路走线是否干净整齐 4．电路焊接是否正确	50分			
小　计					
总成绩 = 自我评价 ×20% + 小组评价 ×30% + 教师评价 ×50%					

参考的焊接如图 1-2 所示。

图 1-2　参考的焊接

二、常用电子仪器仪表的使用

1. 常用电子仪器仪表的认识

认识常用的仪器仪表，填写表 1-6。

表 1-6　常用的仪器仪表

序　号	仪　器　仪　表	名　称	功　能
1			
2			
3			

续表

序　号	仪器仪表	名　称	功　能
4			
5			

2．万用表和直流稳压电源的使用

1）知识准备

（1）常用的万用表有＿＿＿＿＿＿＿＿和＿＿＿＿＿＿＿＿两种。

（2）万用表一般可以用来测量＿＿＿＿＿＿、＿＿＿＿＿＿和＿＿＿＿＿＿。有的还可以用来测量＿＿＿＿＿＿＿＿＿＿＿＿＿＿＿＿＿＿＿＿。

（3）学习指针式万用表，填充完成图1-3中各空白处。

（4）指针式万用表（机械式）表内一般有两块电池，一块是＿＿＿＿＿V，一块是＿＿＿＿＿V。

（5）万用表面板上的插孔和接线柱都有极性标记。使用时将＿＿＿＿＿与"＋"极性孔相连，＿＿＿＿＿与"－"或"＿＿＿＿＿"极性孔相连。

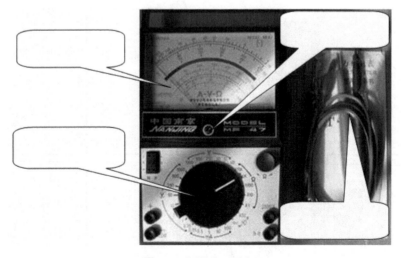

图1-3　指针式万用表

图 1-3 指针式万用表（续）

（6）使用指针式万用表欧姆挡时，应牢记万用表的_____与内部电池的负极相接，_____与内部电池的正极相接。

（7）为了减小测量误差，在使用万用表之前要先进行_____调零。在使用欧姆挡之前，还要进行_____调零。

（8）测量直流量时，要注意、极性，以免指针反转。要保证电流从_____流入，_____流出。

（9）测量电流时，仪表应_____在被测电路中；测量电压时，仪表要_____在被测电路两端。

（10）测量完毕后，应将转换开关置于_____。

2）万用表及直流稳压电源联合使用

E 为直流稳压电源，R 为 1kΩ 电阻，分别按照图 1-4（a）、（b）所示方法测量电流及电压，完成表 1-7。

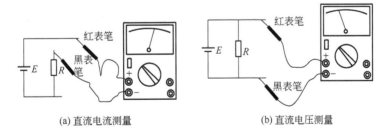

(a) 直流电流测量　　　　　　　(b) 直流电压测量

图 1-4 万用表测直流电压、电流连接方法

表 1-7 万用表读数

直流稳压电源 E 读数（V）		2	4	6	8	10
万用表读数	电压（V）					
	电流（mA）					

误差分析：

3. 示波器和函数信号发生器的使用

（1）查阅资料，完成示波器的校准，并把校准信号及波形记录下来。

① 校准信号：_____kHz，_____V。

② 校准信号波形图。

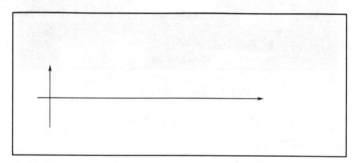

（2）示波器和函数发生器使用练习。

将函数信号发生器输出信号至示波器，完成表1-8中内容。

表1-8　示波器显示的波形图

函数信号发生器	示波器显示的波形图
正弦波	
矩形波	
三角波	

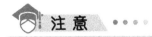

注意

函数信号发生器源地线、示波器探头地线共接一起。

三、基本电子元器件的识别与检测

1. 常见电子元器件的认识

1）请写出表 1-9 中元器件的名称

表 1-9 常见电子元器件

实 物 图 片	元器件的名称

2）查阅资料，完成下列内容

（1）电阻。

① 电阻反映了_____。它的大小与_____有关，而与_____无关。

② 电阻用_____表示，它的一般电路符号是_____。

③ 电阻的单位是_____，其中：

1MΩ（兆欧）= _____kΩ（千欧）=_____Ω（欧）；

1Ω（欧）=_____kΩ（千欧）=_____MΩ（兆欧）。

④ 电阻一般可以分为_____、_____、_____三种。

⑤ 电阻阻值的"色环标示法"。查阅资料，完成表 1-10 中的内容。

表 1-10 色环标示法

色环颜色										
有效数字										
倍　乘										
允许误差										

读取色环时要将误差环放在_____边。从_____往_____依次读取色环。

⑥ 写出图 1-5 所示电阻的阻值。

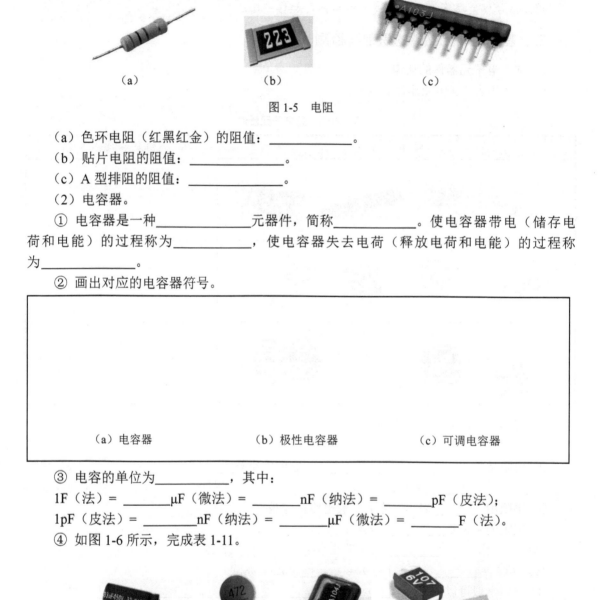

（a） （b） （c）

图 1-5　电阻

（a）色环电阻（红黑红金）的阻值：_____。

（b）贴片电阻的阻值：_____。

（c）A 型排阻的阻值：_____。

（2）电容器。

① 电容器是一种_____元器件，简称_____。使电容器带电（储存电荷和电能）的过程称为_____，使电容器失去电荷（释放电荷和电能）的过程称为_____。

② 画出对应的电容器符号。

（a）电容器　　　　　　　　　（b）极性电容器　　　　　　　（c）可调电容器

③ 电容的单位为_____，其中：

1F（法）= _____μF（微法）= _____nF（纳法）= _____pF（皮法）；

1pF（皮法）= _____nF（纳法）= _____μF（微法）= _____F（法）。

④ 如图 1-6 所示，完成表 1-11。

（a）　　　　　　（b）　　　　　（c）　　　　　　　（d）

图 1-6　电容器

表 1-11　电容器的电容量

	a	b	c	d
名　称				
电容量				

⑤ 电容有_____特性，主要作用有

_____。

（3）电感器。

① 电感器是_____元器件，又称_____

② 电感在电路最常见的作用就是与电容一起，组成 *LC* 滤波电路。电容具有_____

_____的特性，而电感则有_____的功能。

③ 电感用_____表示，它的一般电路符号是_____。

④ 电感的单位是_____，其中：

1H（亨）= _____mH（毫亨）= _____μH（微亨）;

1μH（微亨）=_____mH（毫亨）=_____H（亨）。

⑤ 电感有_____特性，基本作用

有_____。

2. 基本电子元器件的检测

1）电阻的检测（见表 1-12）

表 1-12　电阻的检测

序　号	电　阻	识　别			检　测		结　论
		阻　值	允许误差	额定功率	量　程	阻　值	

2）电容的检测（见表 1-13）

表 1-13　电容的检测

序　号	电　容	识　别			检　测		结　论
		类　型	容　量	耐　压	量　程	检测现象	

3）电感的检测（见表 1-14）

表 1-14　电感的检测

序　号	电　感	检　测		结　论
		量　程	检测现象	

总结与评价

1. 总结

（1）学生根据学习情况写出心得体会。

（2）学生根据项目完成情况，以小组为单位，展示、汇报学习成果。

2. 评价

（1）学生完成评价表（见表1-15）自我评价部分。

（2）小组长组织学生通过互评等方式完成小组评价部分。

（3）教师根据学生表现，完成教师评价部分。

表1-15 评 价 表

评价项目	评价内容	配分	评价方式		
			自我评价	小组评价	教师评价
出勤 仪容仪表	1. 学生出勤情况 2. 学生仪容仪表情况	10分			
学习表现	1. 学生参与学习的情况 2. 学习过程中沟通、协调、回答、解决问题的能力 3. 汇报时表达能力 4. 团队合作情况	30分			
任务完成情况	1. 学生根据任务书完成学习任务情况 2. 学生掌握知识与技能的程度 3. 成果汇报得分	50分			
安全文明生产	1. 严格执行操作规程及相关安全文明操作 2. 6S现场管理	10分			
创造性 学习（加分项）	考核学生创新意识、环保意识	10分	—	—	
小　计					
总成绩 = 自我评价 ×20% + 小组评价 ×30% + 教师评价 ×50%					

项目 2 直流稳压电路的安装与调试

项目介绍

在电子产品如手机、平板电脑、PSP 游戏机等广泛应用的今天，直流稳压电源（见图 2-1）越来越成为家庭、出行必不可少的常备品。

本项目要求安装与调试的直流稳压电路属于简易直流稳压电源，输入交流 160~240V，50Hz，输出直流 3~12V，在经过改善后，可应用于实际生活中。

图 2-1 直流稳压电源

学习目标

1. 能制订直流稳压电路安装与调试的工作计划。
2. 会使用万用表识别及检测二极管等常用电子元器件。
3. 会使用焊接工具安装直流稳压电路。
4. 会使用万用表、示波器等常用仪器仪表检测电路，完成电路调试。
5. 能说出整流、滤波、稳压电路的基本工作原理。
6. 能撰写学习记录及小结。

建议课时：20 课时

学习活动建议

1. 教师根据"工作页"提前准备学习资源（包括学习资料、工具、材料、仪表等）。
2. 学生根据"工作页"指引，通过查阅"相关知识"等资料完成学习。
3. 学生及教师根据评价材料完成项目学习评价。

工作页

学习准备

1. 分组、分工情况（见表 2-1）

表 2-1

姓 名	分 工	职 责	备 注
	组长	统筹协调小组活动	1 人
	记录员	记录实验数据	1～2 人
	宣传员	收集学习资料、图片	1～2 人
	多面手	根据组长分工完成具体任务	多人

2. 学习资源

学生：教材、工作页、文具、万用表、电烙铁、常用电工工具。
教师：示波器、相关电子元器件。

明确任务

1. 任务导入

（1）你知道什么是交流电，什么是直流电吗？说说它们的不同之处。

（2）说说如图 2-2 所示的用电设备中，哪些使用交流电？哪些使用直流电？

（a）电烤箱　　　　　　　　（b）平板电视机　　　　　　　（c）电子手表

图 2-2　常见用电设备

（d）电冰箱　　　　　　（e）按摩椅　　　　　　（f）扩音器

（g）手机　　　　　　（h）照相机　　　　　　（1）平板电脑

图 2-2　常见用电设备（续）

直流电设备：_____

交流电设备：_____

（3）请判断如图 2-3 所示的电信号中，哪些是交流电的信号波形？哪些是直流电的信号波形？

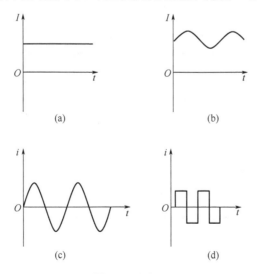

图 2-3　电信号

交流电信号波形：_____　　　　直流电信号波形：_____

结论：

交流电的_____和_____都随时间的变化而变化，记作 AC；

直流电的＿＿＿＿＿＿不随时间而改变，记作 DC。

（4）日常生活中还有哪些常见的直流用电设备？

2．明确任务——直流稳压电路的安装与调试

具体要求如下。

（1）根据如图 2-4 所示的电路，小组讨论制订出直流稳压电路的安装和调试方案，并对方案展示和说明，在点评后完善。

（2）根据修定的方案，通过小组合作，每位同学完成一个直流稳电路的安装与调试工作。

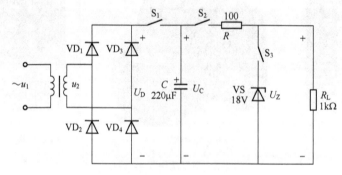

图 2-4　直流稳压电路

制订计划

小组开展信息检索，根据任务要求制订工作计划，见表 2-2。

表 2-2　第＿＿＿＿小组工作计划表

学习环节	内　容	完成时间	完成情况	负责人
一、元器件	1．确定元器件清单和借用仪器仪表清单，领取材料			
	2．二极管的识别与检测			
	3．识别与检测二极管以外的电子元器件			
二、安装、调试直流稳压电源电路	1．电路布线			
	2．电路焊接			
	3．通电调试与电路检测			

做出决策

（1）各小组对本组制订的计划方案进行展示与说明。

（2）小组互评和教师点评。

（3）对计划进行修改。

（4）确定方案。

实施计划

一、元器件

1. 确定、准备元器件

根据电路原理图确定元器件清单（见表 2-3）和借用仪器仪表清单（见表 2-4），并领取材料。

表 2-3　元器件清单

序　号	符　号	名　称	规格型号	数　量	领取人员签名

注：表格不够填写可以另加。

表 2-4　借用仪器仪表清单

序　号	名　称	规格型号	数　量	借出时间	借用人	归还时间	归还人	管理员签名

注：表格不够填写可以另加。

2. 二极管的识别与检测

1）区分不同类型二极管（见表 2-5）

表 2-5

实　物	名　称	符　号

续表

实　物	名　称	符　号

2）简易验钞灯电路的制作

如图 2-5 所示，可用面包板插件完成，也可教师提前按小组准备焊接实物。

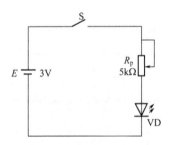

图 2-5　简易验钞灯电路

说明：简易验钞灯的工作原理是利用紫色发光二极管接通时发出的紫色光线检验百元钞票真伪的。

（1）选取制作"简易验钞灯"所需的元器件。

列出制作需要的材料：＿＿＿＿＿＿＿＿＿＿＿＿＿＿＿＿＿＿＿＿＿＿＿＿。

（2）连接（焊接）电路，闭合开关，观察发光二极管的状态，完成表 2-6。

表 2-6　发光二极管的状态

测试步骤	发光二极管的状态
发光二极管阳（正）极接电源正极，阴（负）极接电源负极	
发光二极管阳（正）极接电源负极，阴（负）极接电源正极	

（3）用万用表检测其他二极管并列出检验步骤，完成表 2-7。

表 2-7　检验步骤

名　称	检验步骤		
	正向电阻	反向电阻	质量好坏
普通二极管			
稳压二极管			

（4）说出二极管的工作状态及特性。

工作状态：

_____

特性：

_____

3. 识别与检测二极管以外的电子元器件（见表 2-8）

表 2-8　识别与检测二极管以外的电子元器件

元器件名称	检测方法	问题及解决方法	备 注
电 阻			
电 容			

二、安装、调试直流稳压电源电路

1. 电路布线

设计电路布局及走线图，并画在下面方框中。

2. 电路焊接

合理设计电路，按要求插装元器件并进行焊接，完成焊接情况自检表，见表 2-9。

表 2-9　焊接情况自检表

检测项目	检测结果	出现问题原因及解决方法
电源对地不短路		
布线美观		
正确接线		
元器件完好、无损伤		
焊点质量		
其他		

3．通电调试与电路检测

根据如图 2-6 所示的测量点检测电路。

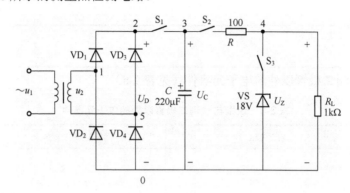

图 2-6　直流稳压电路测试图

（1）数据测量，完成表 2-10。

表 2-10　数据测量

操作步骤	测量点	理论值	实际值	误差分析
断开开关 S_1、S_2、S_3	1—5			
	2—0			
闭合开关 S_1 断开开关 S_2、S_3	3—0			
闭合开关 S_1、S_2 断开开关 S_3	4—0			
闭合开关 S_1、S_2、S_3	4—0			

结论：

（2）波形检测，完成表 2-11。

表 2-11　波形检测

电路部分及操作	示波器显示的波形图
变压器二次电压波形 u_2 开关情况：_____ 测量：_____点	

续表

电路部分及操作	示波器显示的波形图
整流后的电压波形 U_D 开关情况：_____ 测量：_____点	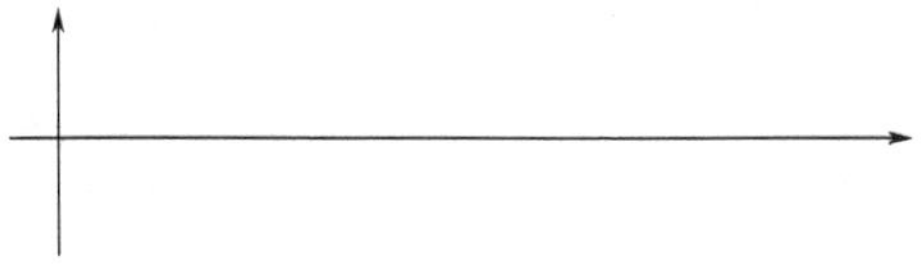
滤波后的电压波形 U_C 开关情况：_____ 测量：_____点	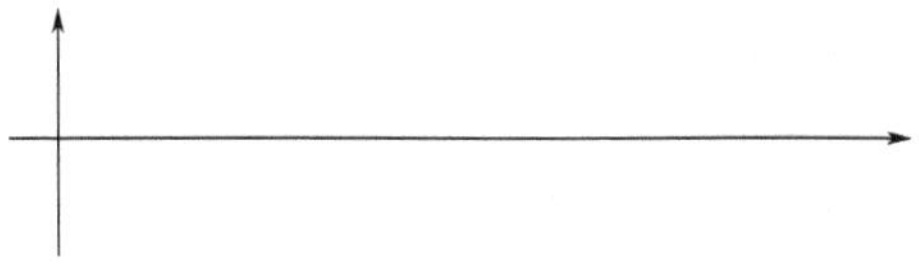
稳压后的电压波形 U_Z 开关情况：_____ 测量：_____点	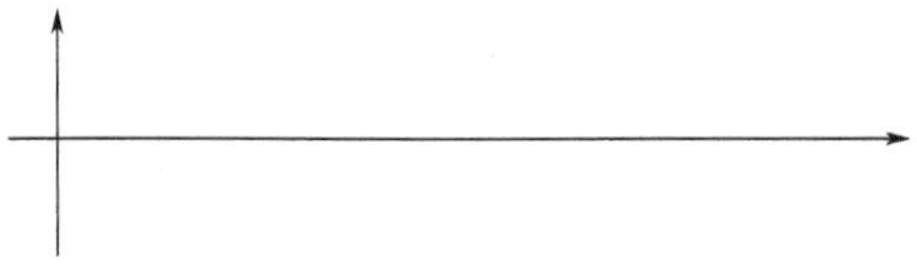

（3）根据测量情况，写出电路各部分功能。

整流电路：

滤波电路：

稳压电路：

总结与评价

1. 总结

（1）学生根据学习情况写出心得体会。

（2）学生根据项目完成情况，以小组为单位，展示、汇报学习成果。

2．评价

（1）学生完成评价表（见表 2-12）自我评价部分。

（2）小组长组织学生通过互评等方式完成小组评价部分。

（3）教师根据学生表现，完成教师评价部分。

表 2-12　评价表

评价项目	评价内容	配分	评价方式		
			自我评价	小组评价	教师评价
出勤仪容仪表	1．学生出勤情况 2．学生仪容仪表情况	10 分			
学习表现	1．学生参与学习的情况 2．学习过程中沟通、协调、回答、解决问题的能力 3．汇报时表达能力 4．团队合作情况	30 分			
任务完成情况	1．学生根据任务书完成学习任务情况 2．学生掌握知识与技能的程度 3．成果汇报得分	50 分			
安全文明生产	1．严格执行操作规程及相关安全文明操作 2．6S 现场管理	10 分			
创造性学习（加分项）	考核学生创新意识、环保意识	10 分	—	—	
小　计					
总成绩 = 自我评价 ×20% + 小组评价 ×30% + 教师评价 ×50%					

拓展与延伸

（1）学习 Multisim 软件，并完成如图 2-7 所示电路的绘制任务。

（2）请结合本项目所学知识，制作如图 2-7 所示的可调直流稳压电源。

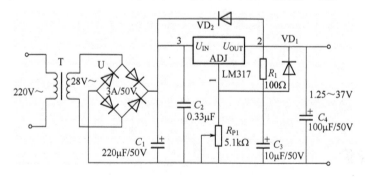

图 2-7　LM317 可调直流稳压电源电路

具体要求如下。

① 分析如图 2-7 所示的电路，写出电路原理。

② 领取元器件制作直流稳压电源。

③ 通电调试。

项目 **3** 流水灯电路的安装与调试

项目介绍

在现代社会中，彩灯已成为不可或缺的装饰物，随着电子技术的发展，尤其是电子技术的突飞猛进，多功能流水灯凭着简易、高效、稳定等特点得到普遍应用。

本项目要求安装与调试的流水灯如图 3-1 所示，属于简易流水灯，可以产生彩灯闪烁的效果。

 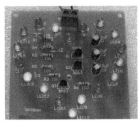 

图 3-1　常见流水灯

学习目标

1. 能制订流水灯电路安装与调试的工作计划。
2. 会使用万用表识别及检测三极管等常用电子元器件。
3. 会使用焊接工具安装流水灯电路。
4. 会使用万用表、示波器等常用仪器仪表检测电路，完成电路调试。
5. 能说出放大电路的基本工作原理。
6. 能设计简单流水灯电路。
7. 能撰写学习记录及小结。

建议课时：16 课时

学习活动建议

1. 教师根据"工作页"提前准备学习资源（包括学习资料、工具、材料、仪表等）。
2. 学生根据"工作页"指引，通过查阅"相关知识"等资料完成学习。
3. 学生及教师根据评价材料完成项目学习评价。

工作页

学习准备

1. 分组、分工情况（见表 3-1）

表 3-1

姓　名	分　工	职　责	备　注
	组长	统筹协调小组活动	1 人
	记录员	记录实验数据	1～2 人
	宣传员	收集学习资料、图片	1～2 人
	多面手	根据组长分工完成具体任务	多人

2. 学习资源

学生：教材、工作页、文具、万用表、电烙铁、常用电工工具。

教师：万用表、示波器、相关电子元器件。

明确任务

1. 任务导入

（1）什么是流水灯？请列举你的日常生活中见过的流水灯。

（2）教师演示如图 3-2 所示的流水灯电路板，请学生观察 3 个发光二极管的工作情况。

图 3-2　流水灯电路板

【思考】如图 3-2 所示电路的工作原理。

2. 明确任务——流水灯电路的安装与调试

具体要求如下。

根据如图 3-3 所示的电路，通过小组合作，每位同学完成一个流水灯电路的安装与调试工作。

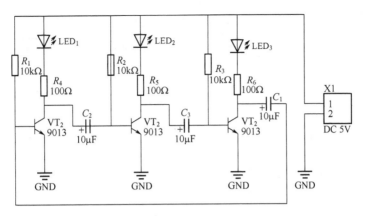

图 3-3　流水灯电路

制订计划

小组开展信息检索，根据任务要求制订工作计划，见表 3-2。

表 3-2　第_____小组工作计划表

学习环节	内　　　容	完成时间	完成情况	负责人
一、元器件	1. 确定元器件清单和借用仪器仪表清单，领取材料			
	2. 三极管的结构与符号认识			
	3. 三极管的识别与检测			
	4. 三极管的工作特性			
	5. 绘制共射极放大电路仿真原理图，完成波形图测量			
	6. 识别与检测三极管以外的电子元器件			
二、安装、调试流水灯电路	1. 电路布线			
	2. 电路焊接			
	3. 通电调试与电路检测			

做出决策

（1）各小组对本组制订的计划方案进行展示与说明。

（2）小组互评和教师点评。

（3）对计划进行修改。

（4）确定方案。

实施计划

一、元器件

1. 确定、准备元器件

根据电路原理图确定元器件清单（见表 3-3）和借用仪器仪表清单（见表 3-4），并领取材料。

表3-3 元器件清单

序 号	符 号	名 称	规格型号	数 量	领取人员签名

注：表格不够填写可以另加。

表3-4 借用仪器仪表清单

序 号	名 称	规格型号	数 量	借出时间	借用人	归还时间	归还人	管理员签名

注：表格不够填写可以另加。

2. 三极管的结构与符号认知

（1）学习材料中三极管的结构，并将图3-4补充完整。

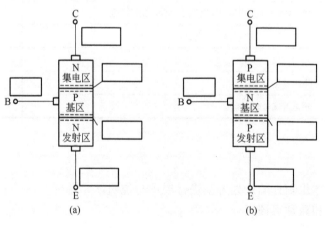

图3-4 三极管的结构

（2）画出三极管的电路符号。

（a）NPN   （b）PNP

3. 三极管的识别与检测

（1）查阅资料，判断三极管的管型和基极 B，并将测量结果填入表 3-5 中。

表 3-5　三极管的识别与检测

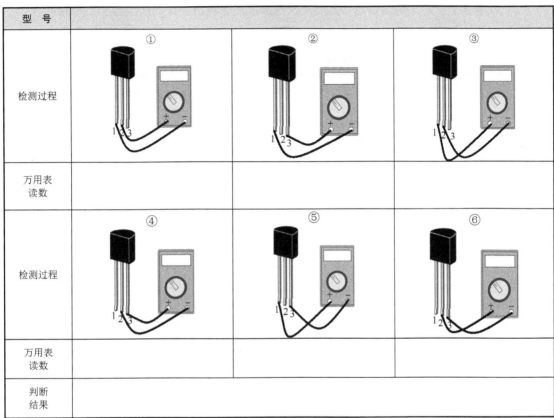

型　号	①	②	③
检测过程			
万用表读数			
	④	⑤	⑥
检测过程			
万用表读数			
判断结果			

（2）判断集电极 C 和发射极 E，完成表 3-6。

表 3-6　判断集电极 C 和发射极 E

假设 2 为基极 B		1	2	3
			基极 B	
人体电阻		判断理由		
人体电阻				

4．三极管的工作特性

查阅资料，学习三极管的工作特性。

（1）三极管有 3 个工作区域，分别对应_____、_____、_____3 个工作状态。

（2）在表 3-7 中分别画出输入、输出特性曲线，并在输出特性曲线上标明三极管的 3 个工作区域。

表 3-7　输入、输出特性曲线

输入特性曲线	输出特性曲线

（3）在表 3-8 中填写三极管截止、饱和的条件，并根据各自的特点，补充开关特性。

表 3-8　三极管截止、饱和的条件

	截止区（截止状态）	饱和区（饱和状态）
条件		
特点	$I_B = 0$、$I_C \approx 0$	i_C 不再受 i_B 控制
开关特性	截止状态的三极管相当于一个_____的开关	饱和状态的三极管相当于一个_____的开关

5．仿真三极管放大电路

按照【知识链接】提示的步骤，运用 Multisim 软件绘制共射极放大电路，如图 3-5、图 3-6 所示，且用示波器观察电路的输入/输出电压波形，将示波器显示的波形图填入表 3-9 中。

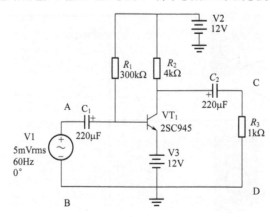

图 3-5　共射极放大电路（一）

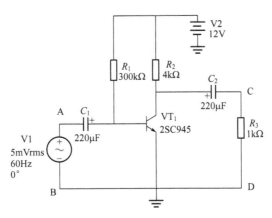

图 3-6　共射极放大电路（二）

表 3-9　示波器显示的波形图

	电路部分及操作	示波器显示的波形图
图 3-5	$R_1 = 300\text{k}\Omega$，$R_2 = 4\text{k}\Omega$ 输入测量：A、B 点 输出测量：C、D 点 三极管工作在_____状态	
图 3-5	$R_1 = 50\Omega$，$R_2 = 4\text{k}\Omega$ 输入测量：A、B 点 输出测量：C、D 点 三极管工作在_____状态	
图 3-6	$R_1 = 300\text{k}\Omega$，$R_2 = 4\text{k}\Omega$ 输入测量：A、B 点 输出测量：C、D 点 三极管工作在_____状态	

提示：

上面三种情况是否都能够判断出三极管的具体工作状态？如果不行，请根据三极管的工作特性，想办法进行判断。

6. 修改图 3-6 中 R_1 的值，观察输出波形的失真情况

二、安装、调试流水灯电路

1. 电路布线

设计电路布局及走线图，并画在下面方框中。

2．电路焊接

合理设计电路，按要求插装元器件并进行焊接，完成焊接情况自检表，见表3-10。

表3-10　焊接情况自检表

检测项目	检测结果	出现问题原因及解决方法
电源对地不短路		
布线美观		
正确接线		
元器件完好、无损伤		
焊点质量		
其他		

3．通电调试与电路检测

（1）电路通电现象是什么？

（2）电路通电后是否有故障？具体的故障有哪些？

（3）如何排除故障？

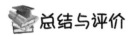

总结与评价

1．总结

（1）学生根据学习情况写出心得体会。

（2）学生根据项目完成情况，以小组为单位，展示、汇报学习成果。

2．评价

（1）学生完成评价表（见表 3-11）自我评价部分。

（2）小组长组织学生通过互评等方式完成小组评价部分。

（3）教师根据学生表现，完成教师评价部分。

表 3-11　评价表

评价项目	评价内容	配分	评价方式		
			自我评价	小组评价	教师评价
出勤仪容仪表	1．学生出勤情况 2．学生仪容仪表情况	10 分			
学习表现	1．学生参与学习的情况 2．学习过程中沟通、协调、回答、解决问题的能力 3．汇报时表达能力 4．团队合作情况	30 分			
任务完成情况	1．学生根据任务书完成学习任务情况 2．学生掌握知识与技能的程度 3．成果汇报得分	50 分			
安全文明生产	1．严格执行操作规程及相关安全文明操作 2．6S 现场管理	10 分			
创造性学习 （加分项）	考核学生创新意识、环保意识	10 分	—	—	
小计					
总成绩 = 自我评价×20%+小组评价×30%+教师评价×50%					

拓展与延伸

请结合本项目所学知识，按照图 3-7 制作一个闪光器。

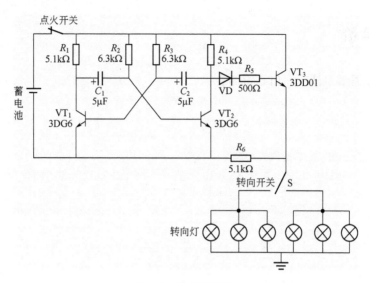

图 3-7　闪光器电路

具体要求如下。

（1）分析如图 3-7 所示的电路，分析电路原理。

（2）领取元器件制作开关电路。

（3）通电调试。

项目 **4** 调光灯电路的安装与调试

🖊 项目介绍

台式调光灯（见图4-1）在日常生活中应用十分广泛，是青少年学习的好伙伴，也是家居常备装饰品，种类品种繁多，是生活必需品。本项目要求安装与调试的调光灯电路，型号为MT-108，电压为220V，频率为50Hz，功率为MAX60W。

图4-1　各式各样的调光灯

📋 学习目标

1. 能制订调光灯电路安装与调试的工作计划。
2. 会使用万用表识别及检测晶闸管、单结晶体管等常用电子元器件。
3. 能正确说出晶闸管、单结晶体管等元器件的基本性质。
4. 会使用焊接工具安装调光灯电路。
5. 会使用万用表、示波器等常用仪器仪表检测电路，完成电路调试。
6. 能说出调光灯电路的基本工作原理。
7. 能撰写学习记录及小结。

建议课时：12 课时

学习活动建议

1. 教师根据"工作页"提前准备学习资源（包括学习资料、工具、材料、仪表等）。
2. 学生根据"工作页"指引，通过查阅"相关知识"等资料完成学习。
3. 学生及教师根据评价材料完成项目学习评价。

学习准备

1. 分组、分工情况（见表 4-1）

表 4-1

姓　名	分　工	职　责	备　注
	组长	统筹协调小组活动	1 人
	记录员	记录实验数据	1～2 人
	宣传员	收集学习资料、图片	1～2 人
	多面手	根据组长分工完成具体任务	多人

2. 学习资源

学生：教材、工作页、文具、万用表、电烙铁、常用电工工具。

教师：示波器、相关电子元器件、调光台灯。

明确任务

1. 任务导入

采用角色扮演的方法，学生分组分别扮演客户和业务员，在了解任务的同时，也了解企业的工作流程，具体操作如下。

每小组发放调光台灯一台，如图 4-2 所示，2 名同学担任客户，1 名担任招待员，1 名经理，1 名担任业务员，根据洽谈，填写产品资料表、采购订单。

图 4-2　调光台灯

（1）如图 4-2 所示为本次电子厂商新订单的样品，请填写下列产品资料见表 4-2。

表 4-2　产品资料

商品编码		产品类型	
名　称		型　号	
电　源		额定电流	
额定功率			

（2）采购订单（见表 4-3）。

表 4-3 采购订单

_____订货单

客户名称_____ 单号_____ 订货日期_____
联系电话_____ 交货日期_____

商品编码	名称	型号	单位	数量	价格	小计
合 计						
备 注						

制单：_____ 审核：_____ 财务：_____ 批准：_____

2．明确任务——调光灯电路的安装与调试

具体要求如下。

根据如图 4-3 所示的电路，通过小组合作，每位同学完成一个调光灯电路的安装与调试工作。

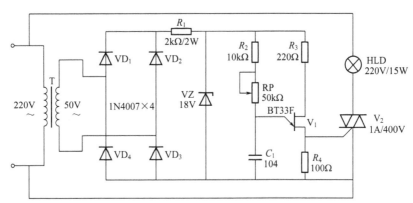

图 4-3 调光灯电路

制订计划

小组开展信息检索，根据任务要求制订工作计划，见表 4-4。

表 4-4 第_____小组工作计划表

学习环节	内 容	完成时间	完成情况	负责人
一、元器件	1. 确定元器件清单和借用仪器仪表清单，领取材料			
	2. 认识晶闸管及单结晶体管			
	3. 晶闸管的检测			
	4. 单结晶体管的检测			
二、安装、调试调光灯电路	1. 电路布线			
	2. 电路焊接			
	3. 通电调试与电路检测			

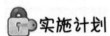

做出决策

（1）各小组对本组制订的计划方案进行展示与说明。

（2）小组互评和教师点评。

（3）对计划进行修改。

（4）确定方案。

实施计划

一、元器件

1．确定、准备元器件

根据电路原理图确定元器件清单（见表 4-5）和借用仪器仪表清单（见表 4-6），并领取材料。

表 4-5　元器件清单

序　号	符　号	名　称	规格型号	数　量	领取人员签名

注：表格不够填写可以另加。

表 4-6　借用仪器仪表清单

序号	名称	规格型号	数　量	借出时间	借用人	归还时间	归还人	管理员签名

注：表格不够填写可以另加。

2．认识晶闸管及单结晶体管（查找资料，完成表 4-7）

表 4-7　认识晶闸管及单结晶体管

型　号	图　片	名　称
MCR100-6		
MAC97A8		
BT33F		
备注		

3．晶闸管的检测

（1）单向晶闸管的结构及符号。

如图 4-4 所示，单向晶闸管是由＿＿＿＿个 PN 组成，划分为＿＿＿个区，由 P 区引出＿＿＿＿，由 N 区引出＿＿＿＿，由中间的 P 型半导体引出＿＿＿＿，文字符号用"＿＿＿＿"表示。

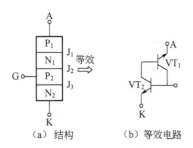

（a）结构　　　　（b）等效电路

图 4-4　单向晶闸管的结构与符号

（2）单向晶闸管的工作特性

实验：根据如图 4-5 所示的电路，通过改变电池方向，完成晶闸管的导通和关断实验，，说明晶闸管的工作特性，将结果填入表 4-8。

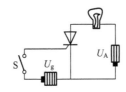

图 4-5　晶闸管的导通和关断实验

表 4-8　单向晶闸管导通和关断实验

实验顺序		实验前灯的情况	实验时晶闸管条件		实验后灯的情况	结　论
			阳极电压 U_a	门极电压 U_g		
导通实验	1		反向	反向		
	2		反向	零		
	3		反向	正向		
	1		正向	反向		
	2		正向	零		
	3		正向	正向		
关断实验	1		正向	正向		
	2		正向	零		
	3		正向	反向		
	4		正向（逐渐减小到接近于零）	任意		

【实验结论】

晶闸管的导通条件：

晶闸管的关断条件：

（3）单向晶闸管的极性判断和检测见表 4-9。

表 4-9　单向晶闸管的极性判断和检测

步　骤	理 论 基 础	万用表挡位	操 作 方 法
1. 确定 G 极、K 极、A 极	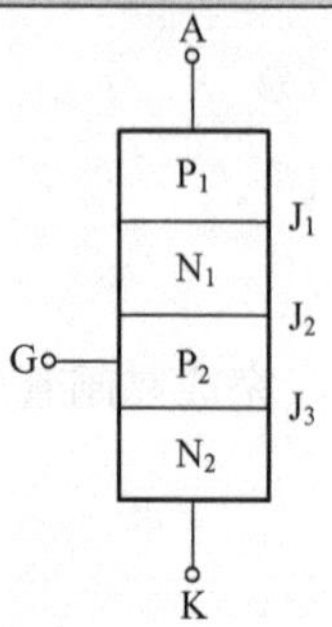 　从上图可知，只有 G 和 K 之间存在一个 PN 结，所以在其之间加正向电压，PN 结导通，可确定 G、K 极，剩下引脚为 A 极		

步　骤	理 论 基 础	万用表挡位	操 作 方 法
2. 判断是否导通	根据晶闸管导通条件，在 A、K 之间加正向电压，同时在 G 极加一个正向电压，A、K 间可导通		
3. 判断是否能够维持导通	在第二步的基础上，将 G 极的正向电压移开，看 A、K 间是否导通		

（4）双向晶闸管的极性判断见表 4-10。

表 4-10　双向晶闸管的极性判断

步　骤	理 论 基 础	万用表挡位	操 作 方 法
1. 判断 T_2 极	从结构可看出：T_2 和 T_1、G 之间存在多个 PN 结，故 T_2 与 T_1、G 之间的阻值均为无穷大，故可确定 T_2 极		
2. T_1、G 极判别	根据双向晶闸管的导通条件：只要在控制极 G 加正或负的触发电压，则 T_1、T_2 导通（无论 T_1、T_2 间加正向还是反向电压），可触发的引脚则是 G 极		

（5）双向晶闸管的检测见表 4-11。

表 4-11 双向晶闸管的检测

测量步骤	理论测量结果	万用表挡位	实测结果	质量判断
1.	导通方向： $T_1 \rightarrow T_2$，有几欧姆到几百欧姆的阻值			
2.	导通方向： $T_2 \rightarrow T_1$，有几欧姆到几百欧姆的阻值			

4．单结晶体管的检测

（1）单结晶体管的结构及符号。

如图 4-6 所示，在图 4-6（c）中画出图形符号。

单结晶体管由_____个 PN 结组成，P 区引出_____极_____，N 区引出_____极_____和_____极_____。

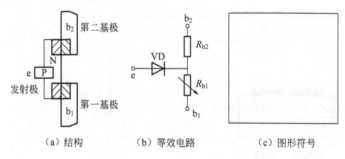

（a）结构　　　　（b）等效电路　　　　（c）图形符号

图 4-6 单结晶体管的结构与符号

（2）单结晶体管的工作特性。

结合图 4-6（b）学习单结晶体管的工作特性，完成思考 1、思考 2。

【思考 1】R_{b1}、R_{b2} 哪个电阻会变化阻值？如何变化？

【思考 2】单结晶体管的导通条件是什么？截止条件是什么？

（3）单结晶体管极性判别方法，见表 4-12。

表 4-12　单结晶体管极性判别

步　骤	理　论　基　础	万用表挡位	操　作　方　法
1. 判断 e 极	e 极与 b1、b2 存在 PN 结 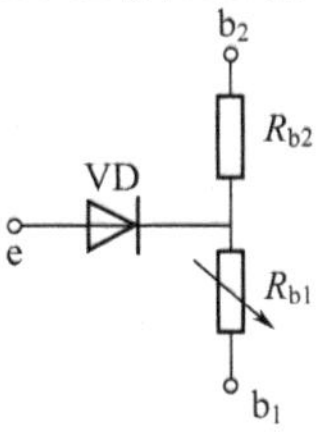		
2. b$_1$、b$_2$ 极判别	U_{eb1} 上升到某一数值时，单结晶体管导通，R_{b1} 会随 I_e 上升而迅速下降，而 R_{b2} 不随其变化，比较阻值，先确定 b$_1$ 极		

提示：万用表挡位越高，输出电流越小。

二、安装、调试调光灯电路

1. 电路布线

设计电路布局及走线图，并画在下面方框中。

2. 电路焊接

合理设计电路，按要求插装元器件并进行焊接，完成焊接情况自检表，见表 4-13。

表 4-13　焊接情况自检表

检测项目	检测结果	出现问题原因及解决方法
电源对地不短路		
布线美观		
正确接线		
元器件完好、无损伤		
焊点质量		
其他		

3．通电调试与电路检测

（1）用万用表测量数据，完成表 4-14。

表 4-14　用万用表测量数据

测量电量名称	灯泡未亮时	灯泡微亮时	灯泡最亮时
灯泡两端的电压			
断开交流电源，测得 R_p 的阻值			

（2）波形检测——对照表 4-14 的情况，分别测出灯泡未亮、微亮、最亮时 R_p 两端的波形图，并记录在表 4-15、表 4-16、表 4-17 中。

①当灯泡未亮时，$R_p =$ _____，用示波器观测波形，并记录在表 4-15。

表 4-15　灯泡未亮时示波器显示的波形图

电　路　部　分	示波器显示的波形图
R_4 电压波形 SEC/DIV： VOLTS/DIV：	
U_e 电压波形 SEC/DIV： VOLTS/DIV：	

② 当灯泡微亮时，$R_p =$ _____，用示波器观测波形，并记录在表 4-16。

表 4-16　灯泡微亮时示波器显示的波形图

电　路　部　分	示波器显示的波形图
R_4 电压波形 SEC/DIV： VOLTS/DIV：	
U_e 电压波形 SEC/DIV： VOLTS/DIV：	

③ 当灯泡最亮时，R_p =_____，用示波器观测波形，并记录在表 4-17。

表 4-17　灯泡最亮时示波器显示的波形图

电 路 部 分	示波器显示的波形图
R_4 电压波形 SEC/DIV： VOLTS/DIV：	
U_e 电压波形 SEC/DIV： VOLTS/DIV：	

（3）实验总结。

单结晶体管触发电路如图 4-7 所示。

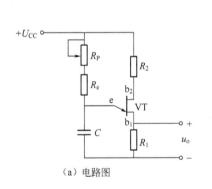

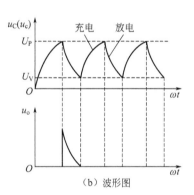

（a）电路图　　　　　　　　　（b）波形图

图 4-7　单结晶体管触发电路

① 触发信号产生（填写缺失部分）。

如图 4-7 所示，完成下列空格，并根据规律自行画出波形图中缺少的尖脉冲。

a. 接通电源后，电源通过_____对电容 C 充电，当 U_c_____U_p，_____导通，U_o 有电压输出，此过程为电容_____。

b. 电容电压 U_c 通过_____对电容 C 放电，U_o_____，当电容电压 U_c 下降到 U_v 时，单结晶体管_____，此过程为电容_____。

c. 重复上述过程在电容 C 上形成锯齿波形电压，在 R_1 上产生一系列的_____。

② 触发移相控制。

a. 若将电阻 R_p 调小，电容充电时间_____，尖脉冲_____。

b. 若将电阻 R_p 调大，电容充电时间_____，尖脉冲_____。

【思考】

R_p 为调光的旋钮。为什么改变 R_p 就能改变尖脉冲的时间，从而改变光线的亮度？它们之间是怎样联系起来的？

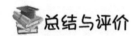 **总结与评价**

1．总结

（1）学生根据学习情况写出心得体会。

（2）学生根据项目完成情况，以小组为单位，展示、汇报学习成果。

2．评价

（1）学生完成评价表（见表 4-18）自我评价部分。

（2）小组长组织学生通过互评等方式完成小组评价部分。

（3）教师根据学生表现，完成教师评价部分。

表 4-18　评价表

评价项目	评价内容	配分	评价方式		
			自我评价	小组评价	教师评价
出勤 仪容仪表	1．学生出勤情况 2．学生仪容仪表情况	10 分			
学习表现	1．学生参与学习的情况 2．学习过程中沟通、协调、回答、解决问题的能力 3．汇报时表达能力 4．团队合作情况	30 分			
任务完成情况	1．学生根据任务书完成学习任务情况 2．学生掌握知识与技能的程度 3．成果汇报得分	50 分			
安全文明生产	1．严格执行操作规程及相关安全文明操作 2．6S 现场管理	10 分			
创造性 学习（加分项）	考核学生创新意识、环保意识	10 分	—	—	
小计					
总成绩 = 自我评价×20%+小组评价×30%+教师评价×50%					

拓展与延伸

（1）请结合本情境所学知识，参照如图 4-8 所示的电路，制作一个下棋定时电路。

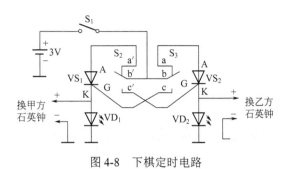

图 4-8 下棋定时电路

具体要求如下。

① 分析如图 4-8 所示的下棋定时电路原理。

② 制作下棋定时电路。

③ 通电调试。

（2）如果将指示灯提示改为声音提示，该如何修改电路？安装过程中应注意什么问题？

项目 5 报警电路的安装与调试

项目介绍

在现实生活中，我们经常会遇到各种紧急情况下的警情，如安全防范、交通运输、医疗救护、应急救灾等，这些都会触发报警系统，如图 5-1 所示，使报警电路发出警笛声和警灯的周期闪烁。只要有安保系统的地方，都需要用到报警电路。

本项目要求安装与调试一个报警电路，形成一个报警系统；如果经过包装改善，可以应用于生活当中。

图 5-1 报警系统

学习目标

1. 能制订报警电路安装与调试的工作计划。

2. 会使用万用表识别及检测常用电子元器件。

3. 会使用 Multisim 软件进行运放电路仿真。

4. 会使用焊接工具安装比例运算放大电路和报警电路。

5. 会使用万用表、函数信号发生器、示波器等常用仪器仪表检测电路，完成报警电路调试。

6. 能说出报警电路的基本工作原理。

7. 能撰写学习记录及小结。

建议课时：20 课时

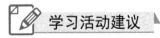

学习活动建议

1. 教师根据"工作页"提前准备学习资源（包括学习资料、工具、材料、仪表等）。
2. 学生根据"工作页"指引，通过查阅"相关知识"等资料完成学习。
3. 学生及教师根据评价材料完成项目学习评价。

工作页

学习准备

1. 分组、分工情况（见表 5-1）

表 5-1

姓 名	分 工	职 责	备 注
	组长	统筹协调小组活动	1 人
	记录员	记录实验数据	1～2 人
	宣传员	收集学习资料、图片	1～2 人
	多面手	根据组长分工完成具体任务	多人

2. 学习资源

学生：教材、工作页、文具、万用表、电烙铁、常用电工工具。

教师：函数信号发生器、示波器、交流毫伏表、相关电子元器件。

明确任务

1. 任务导入

播放一段关于触发报警电路情景的电影视频，同时让学生思考以下问题。

（1）请说明报警电路的作用，报警电路是如何被触发的？

（2）请列举日常生活中哪些地方需要用到报警电路。

2. 明确任务——报警电路的安装与调试

具体要求如下。

根据如图 5-2 所示的电路，通过小组合作，每位同学完成一个报警电路的安装与调试工作。

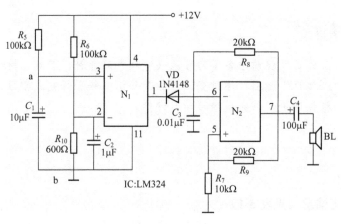

图 5-2　报警电路

制订计划

小组开展信息检索，根据任务要求制订工作计划，见表 5-2。

表 5-2　第_____小组工作计划表

学习环节	内　容	完成时间	完成情况	负责人
一、比例运算放大器的仿真	1. 反相比例运算电路的仿真			
	2. 同相比例运算电路的仿真			
二、元器件	1. 确定元器件清单和借用仪器仪表清单，领取材料			
	2. 元器件检测			
三、安装、调试报警电路	1. 电路布线			
	2. 电路焊接			
	3. 通电调试与电路检测			

做出决策

（1）各小组对本组制订的计划方案进行展示与说明。
（2）小组互评和教师点评。
（3）对计划进行修改。
（4）确定方案。

实施计划

一、比例运算放大器的仿真

1. 反相比例运算电路的仿真

（1）利用 Multisim 仿真软件绘制如图 5-3 所示的反相比例运算放大电路。

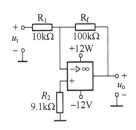

图 5-3 反相比例运算放大电路

（2）按表 5-2 要求改变输入值，用万用表测量输出端电压，如图 5-4 所示为在 Multisim 软件环境下的截图，完成表 5-3。

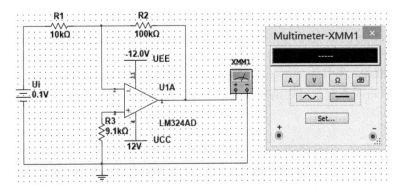

图 5-4 反相比例运算放大电路仿真图

表 5-3 集成运算放大器的运算关系测量记录

U_i（V）		0.8	0.5	0.3	0.1	−0.1	−0.3	−0.5	−0.8
反相运算	U_o（计算值）								
	U_o（实测值）								
	A_{uf}（实测值）								
同相运算	U_o（计算值）								
	U_o（实测值）								
	A_{uf}（实测值）								

2．同相比例运算电路的仿真

（1）利用 Multisim 仿真软件绘制如图 5-5 所示的同相比例运算放大电路。

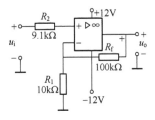

图 5-5 同相比例运算放大电路

（2）按表 5-2 要求改变输入值，用万用表测量输出端电压，如图 5-6 所示为在 Multisim 环境下的截图，完成表 5-3。

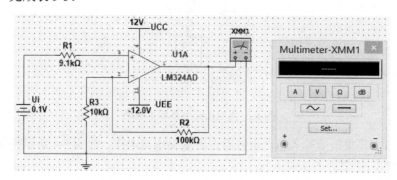

图 5-6　反相比例运算放大电路仿真图

二、元器件

1. 确定、准备元器件

根据电路原理图确定元器件清单（见表 5-4）和借用仪器仪表清单（见表 5-5），并领取材料。

表 5-4　元器件清单

序　号	符　号	名　称	规格型号	数　量	领取人员签名

注：表格不够填写可以另加。

表 5-5　借用仪器仪表清单

序　号	名　称	规格型号	数　量	借出时间	借用人	归还时间	归还人	管理员签名

注：表格不够填写可以另加。

2. 按要求检测元器件

三、安装、调试报警电路

1. 电路布线

设计电路布局及走线图，并画在下面方框中。

2. 电路焊接

合理设计电路，按要求插装元器件并进行焊接，完成焊接情况自检表，见表5-6。

表5-6　焊接情况自检表

检测项目	检测结果	出现问题原因及解决方法
电源对地不短路		
布线美观		
正确接线		
元器件完好、无损伤		
焊点质量		
其他		

3. 通电调试与电路检测

完成电路的连接并经检查无误后，方能接通 12V 直流电源，进行测量。只要按图安装无误，该电路不用调试，通电即可工作。

（1）当电路的 a、b 两端用导线连接时，用万用表的电压挡测量集成运放 LM324 的 1、2、3、4、5、6、7、11 引脚的电压值，记录于表5-6 中。

（2）当电路的 a、b 两端断开时，用万用表的电压挡测量集成运放 LM324 的 1、2、3、5、6、7 引脚的电压值，记录于表5-7 中。

表 5-7　断线式防盗报警器的测量记录

测试条件	LM324 各引脚电压值（V）							
	1	2	3	4	5	6	7	11
a、b 两点相连								
a、b 两点断开								

（3）用示波器观察 a、b 两点相连和断开时的输出波形，并将观察到的波形绘于表 5-8 中。

表 5-8　绘制输出波形

操 作 步 骤	输出波形 u_o
a、b 两点相连	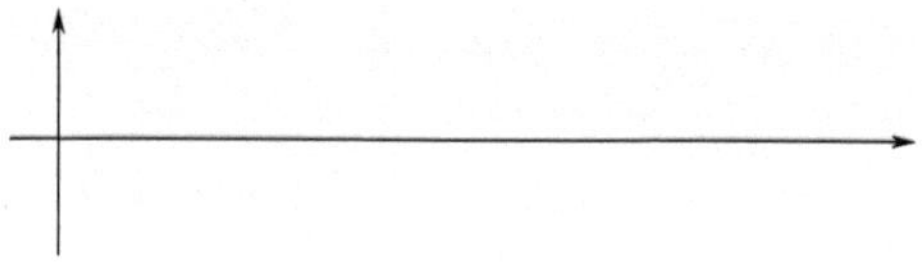
a、b 两点断开	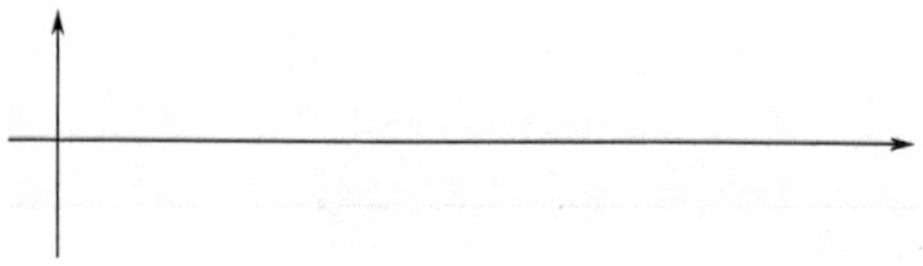

总结与评价

1．总结

（1）学生根据学习情况写出心得体会。

（2）学生根据项目完成情况，以小组为单位，展示、汇报学习成果。

2．评价

（1）学生完成评价表（见表 5-9）的自我评价部分。

（2）小组长组织学生通过互评等方式完成小组评价部分。

（3）教师根据学生表现，完成教师评价部分。

表 5-9　评价表

评价项目	评价内容	配分	评价方式		
			自我评价	小组评价	教师评价
出勤 仪容仪表	1. 学生出勤情况 2. 学生仪容仪表情况	10 分			
学习表现	1. 学生参与学习的情况 2. 学习过程中沟通、协调、回答、解决问题的能力 3. 汇报时表达能力 4. 团队合作情况	30 分			
任务完成情况	1. 学生根据任务书完成学习任务情况 2. 学生掌握知识与技能的程度 3. 成果汇报得分	50 分			
安全文明生产	1. 严格执行操作规程及相关安全文明操作 2. 6S 现场管理	10 分			
创造性 学习（加分项）	考核学生创新意识、环保意识	10 分	/	/	
小计					
总成绩=自我评价×20%+小组评价×30%+教师评价×50%					

拓展与延伸

请结合本项目所学知识，制作一个音频功率放大电路，如图 5-7 所示。

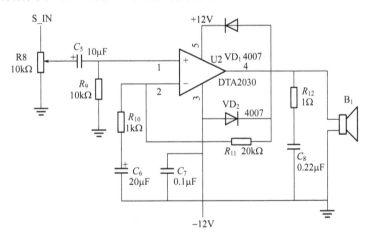

图 5-7　音频功率放大电路

具体要求如下。

（1）分析如图 5-7 所示的电路，写出电路原理。

（2）领取元器件，制作音频功率放大电路。

（3）通电调试。

项目 **6** 举重裁判电路的安装与调试

项目介绍

在日常生活中，常常会使用数码相机、数字电视、电子计算机等电子产品，这些电子产品采用的是数字电路，如图 6-1 所示。数字电路具有结构简单、工作稳定可靠、便于集成化等优点。随着信息时代的到来，数字化已成为当今时代的发展潮流。

举重裁判电路是采用数字电路制作而成的一种代表裁判判决结果的装置，如果裁判员判定运动员举重成功，就按下按钮，否则就不按，只有当主裁判和其中至少一名副裁判按下按钮时，LED 就亮，表明运动员举重成功。

图 6-1　数字电路的应用

学习目标

1. 能制订举重裁判电路安装与调试的工作计划。
2. 能说出各种逻辑门电路的逻辑功能。
3. 能进行二—十进制数的转换和逻辑函数的转换。
4. 能化简逻辑函数和合理选用逻辑门电路。
5. 能分析组合逻辑电路。
6. 会识别和测试集成逻辑门电路。
7. 会按工艺要求安装举重裁判电路。
8. 能设计简单的数字电路。
9. 能撰写学习记录及小结。

建议课时：20 课时

学习活动建议

1. 教师根据"工作页"提前准备学习资源（包括学习资料、工具、材料、仪表等）。
2. 学生根据"工作页"指引，通过查阅"相关知识"等资料完成学习。
3. 学生及教师根据评价材料完成项目学习评价。

工作页

学习准备

1. 分组、分工情况（见表 6-1）

表 6-1

姓 名	分 工	职 责	备 注
	组长	统筹协调小组活动	1 人
	记录员	记录实验数据	1~2 人
	宣传员	收集学习资料、图片	1~2 人
	多面手	根据组长分工完成具体任务	多人

2. 学习资源

学生：教材、工作页、文具、万用表、电烙铁、常用电工工具。

教师：相关电子元器件。

明确任务

1. 任务导入

举重比赛现场如图 6-2 所示。

图 6-2 举重比赛现场

（1）你观看过举重比赛吗？举重比赛一般有几个裁判？

（2）当结果有争议时，裁判如何进行表决？

2．明确任务

具体要求如下。

根据图 6-3 所示的电路，通过小组合作，每位同学完成一个举重裁判电路的安装与调试工作。

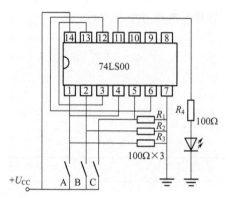

图 6-3　举重裁判电路

制订计划

小组开展信息检索，根据任务要求制订工作计划，见表 6-2。

表 6-2　第＿＿＿小组工作计划表

学习环节	内　　容	完成时间	完成情况	负责人
一、知识准备	1．信号波形			
	2．计数规则			
二、举重裁判电路的安装与调试	1．设计举重裁判电路			
	2．确定、准备、检测元器件			
	3．安装、调试举重裁判电路			

做出决策

（1）各小组对本组制订的计划方案进行展示与说明。

（2）小组互评和教师点评。

（3）对计划进行修改。

（4）确定方案。

实施计划

一、知识准备

小组通过查阅资料及检索完成下列任务。

如图 6-4 所示，请判断下列信号哪些是模拟信号？哪些是数字信号？

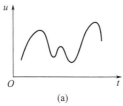
(a)

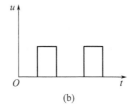
(b)

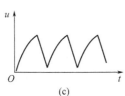
(c)

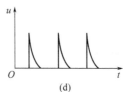
(d)

图 6-4　信号波形

模拟信号波形：_____　　　　数字信号波形：_____

结论：

模拟信号是指在_____和_____都是连续变化的信号。

数字信号是指在_____和_____都是不连续变化的信号。

根据表 6-3 给出的十进制数，写出对应的二、八、十六进制数，并总结其计数规则。

表 6-3

十进制数	二进制数	十六进制数	十进制数	二进制数	十六进制数
0			8		
1			9		
2			10		
3			11		
4			12		
5			13		
6			14		
7			15		
计数规则：			逢十进一		

根据以下提示，选择正确的答案。

A. 非门　　　B. 与门　　　C. 与非门　　　D. 或门　　　E. 或非门

（1）请根据下列逻辑符号，选择正确的门电路。

①_____

②_____

③_____

④_____

（2）请根据下列逻辑表达式，选择对应的门电路。

$Y = A + B$　　　　$Y = \overline{A + B}$　　　　$Y = \overline{AB}$　　　　$Y = AB$

①_____　　　　②_____　　　　③_____　　　　④_____

（3）请根据下列逻辑真值表，选择对应的门电路。

A	B	Y
0	0	1
0	1	0
1	0	0
1	1	0

A	B	Y
0	0	1
0	1	1
1	0	1
1	1	0

①_____   ②_____

A	B	Y
0	0	0
0	1	0
1	0	0
1	1	1

A	B	Y
0	0	0
0	1	1
1	0	1
1	1	1

③_____   ④_____

结论：

与门的逻辑功能是：　有_____出_____；全_____出_____。

或门的逻辑功能是：　有_____出_____；全_____出_____。

与非门的逻辑功能是：有_____出_____；全_____出_____。

或非门的逻辑功能是：有_____出_____；全_____出_____。

二、安装、调试举重裁判电路

1．设计举重裁判电路

（1）确定输入/输出量。

参考设计：设三个裁判控制的按键分别用 A、B、C 表示，其中，A 表示主裁判，B、C 表示副裁判。按下按钮为同意，用 1 表示；否则为不同意，用 0 表示。表决结果用 Y 表示，表决通过输出为 1，发光二极管点亮，否则输出为 0，发光二极管不亮。

（2）根据逻辑要求（见表 6-4），列出真值表（见表 6-5）。

表 6-4　举重裁判电路逻辑功能

主裁判	副裁判 1	副裁判 1	结果
×	×	×	不通过
×	×	√	不通过
×	√	×	不通过
×	√	√	不通过
√	×	×	不通过
√	×	√	通过
√	√	×	通过
√	√	√	通过

表 6-5 举重裁判电路真值表

A	B	C	Y

（3）写出逻辑表达式并化简（化简方法可查阅资料）。

（4）画出对应逻辑图。

（5）根据实际情况，确定电路，画出布线图。

参考芯片，如图 6-5 所示。

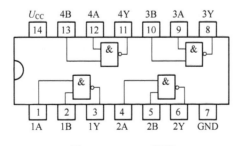

图 6-5 74LS00 引脚

2．元器件

1）确定、准备元器件

根据电路原理图确定元器件清单（见表 6-6）和借用仪器仪表（见表 6-7），并领取材料。

表 6-6　元器件清单

序　号	符　号	名　称	规格型号	数　量	领取人员签名

注：表格不够填写可以另加。

表 6-7　借用仪器仪表清单

序号	名　称	规格型号	数　量	借出时间	借用人	归还时间	归还人	管理员签名

注：表格不够填写可以另加。

2）集成 TTL 门电路 74LS00 的认识与检测

（1）在下面方框中绘制 74LS00 门电路的内部结构及引脚排列图。

（2）利用 Multisim 软件对 74LS00 进行仿真。

图 6-6　74LS00 仿真电路

如图 6-6 所示，仿真电路只选取了 74LS00 四个与非门中的一个进行了仿真，仿真电路图用到的仿真元器件见表 6-8。

表 6-8　仿真元器件列表

序号	名　称	符　号	Group（元器件组）	Family（元器件系列）	Component（具体元器件）
1	与非门集成器件		TTL	74LS_IC	74LS02D
2	双联开关	S	Basic	SWITCH	SPDT
3	指示灯	HL	Indicators	PROBE	PROBE_DIG_RED
4	接地	GND	Sources	POWER_SOURCES	GROUND
5	电源	Ucc	Sources	POWER_SOURCES	DC_POWER

调节开关 S1、S2，使其分别为表 6-9 所示的状态，观察指示灯的状态（HL 指示灯的状态：灭或亮），完成表 6-9。

表 6-9　与非门逻辑功能仿真测试表

状　态	S1	S2	HL
1	接地	接地	
2	接地	接 5V	
3	接 5V	接地	
4	接 5V	接 5V	

提示：

① 开关 S "接地"，表示输入为低电平 "0"；开关 "接 5V"，表示输入为高电平 "1"。

② 指示灯 HL "灭"，表示输出为低电平 "0"；指示灯 HL "亮"，表示输出为高电平 "1"。

根据表 6-8 结果，转换成真值表，见表 6-10。

表 6-10　真值表

1A	1B	1Y
0	0	
0	1	
1	0	
1	1	

结论：

以上真值表表示的是＿＿＿＿＿＿＿门电路，逻辑表达式为＿＿＿＿＿＿＿＿＿＿。

（3）重复以上过程，可以检测 74LS00 的另外几个逻辑门。

3）其他元器件的检测

用万用表检测电阻、二极管、开关等剩余元器件。

3．安装、调试举重裁判电路

1）电路焊接

合理设计电路，按要求插装元器件并进行焊，完成焊接情况自检表，见表 6-11。

表 6-11　焊接情况自检表

检测项目	检测结果	出现问题原因及解决方法
电源对地不短路		
布线美观		
正确接线		
元器件完好、无损伤		
焊点质量		
其他		

2）通电检测

通电前先检查各元器件有无差错、极性有无插反，有无虚焊、漏焊、假焊、连焊等现象，用万用表测量电源和接地端有无短路现象。

根据举重裁判电路原理图，分别改变 *A*、*B*、*C* 3 个开关的状态，观察发光二极管的情况，将结果填入表 6-12。

表 6-12　检测举重裁判电路

A	*B*	*C*	（*Y*）LED

结论：

（1）举重裁判电路功能。

（2）组合逻辑电路的设计方法。

总结与评价

1．总结

（1）学生根据学习情况写出心得体会。

（2）学生根据项目完成情况，以小组为单位，展示、汇报学习成果。

2．评价

（1）学生完成评价表（见表 6-13）自我评价部分。

（2）小组长组织学生通过互评等方式完成小组评价部分。

（3）教师根据学生表现，完成教师评价部分。

表 6-13 评价表

评价项目	评价内容	配分	评价方式		
			自我评价	小组评价	教师评价
出勤 仪容仪表	1. 学生出勤情况 2. 学生仪容仪表情况	10 分			
学习表现	1. 学生参与学习的情况 2. 学习过程中沟通、协调、回答、解决问题的能力 3. 汇报时表达能力 4. 团队合作情况	30 分			
任务完成情况	1. 学生根据任务书完成学习任务情况 2. 学生掌握知识与技能的程度 3. 成果汇报得分	50 分			
安全文明生产	1. 严格执行操作规程及相关安全文明操作 2. 6S 现场管理	10 分			
创造性 学习（加分项）	考核学生创新意识、环保意识	10 分	—	—	
小计					
总成绩=自我评价×20%+小组评价×30%+教师评价×50%					

拓展与延伸

学校将举行校园好声音歌手选拔赛，有三位评委分别控制 3 个按键，表决选手晋级。比赛规则是根据少数服从多数的原则，即两位或两位以上的评委通过，选手才能晋级，评委按下按键表示同意，否则为不同意，若选手晋级，发光二极管灯亮，否则不亮，请你结合所学的知识，用与非门逻辑电路制作一个三人表决器。

具体要求如下。

（1）根据逻辑要求写出三人表决器的真值表。

（2）根据三人表决器的真值表写出逻辑函数表达式。

（3）将逻辑函数表达式转换成与非门的形式。

（4）根据逻辑函数表达式画出三人表决器的逻辑电路图、原理图、装配图。

（5）领取制作三人表决器的元器件。

（6）安装、焊接、测试三人表决器。

项目 7 四人抢答器电路的安装与调试

项目介绍

在各种知识竞赛、文体娱乐活动（抢答竞赛赛活动）中，抢答器能准确、公正、直观地判断出抢答者的座位号，应用十分广泛，如图7-1所示。

本项目要求安装与调试的四人抢答器电路，符合抢答器规则，有 4 个输入按钮，对应 4 路输出指示灯，1 个清零按钮。

图 7-1　抢答竞赛活动

学习目标

1. 能制订四人抢答器电路安装与调试的工作计划。
2. 会测试集成 JK、RS、D 触发器逻辑功能。
3. 会正确使用集成 JK、RS、D 触发器。
4. 会使用焊接工具安装四人抢答器。
5. 能说出四人抢答器电路的基本工作原理。
6. 能根据需求改进抢答器电路。
7. 能说出寄存器和计数器的原理和功能。
8. 能撰写学习记录及小结。

建议课时：18 课时

学习活动建议

1. 教师根据"工作页"提前准备学习资源（包括学习资料、工具、材料、仪表等）。
2. 学生根据"工作页"指引，通过查阅"相关知识"等资料完成学习。

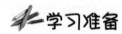
3. 学生及教师根据评价材料完成项目学习评价。

工作页

学习准备

1. 分组、分工情况（见表 7-1）

表 7-1

姓 名	分 工	职 责	备 注
	组长	统筹协调小组活动	1 人
	记录员	记录实验数据	1～2 人
	宣传员	收集学习资料、图片	1～2 人
	多面手	根据组长分工完成具体任务	多人

2. 学习资源

学生：教材、工作页、文具、万用表、电烙铁、常用电工工具。

教师：相关电子元器件。

明确任务

1. 任务导入

（1）在电视上，哪个节目中用到抢答器了？

（2）在刚才的举手抢答环节中，老师能不能正确、快速地指出是哪一组同学先举手？由此得出，抢答器应该要具有什么功能？

2. 明确任务——四人抢答器电路的安装与调试

具体要求如下。

根据如图 7-2 所示的电路，通过小组合作，每位同学完成一个四人抢答器电路的安装与调试工作。

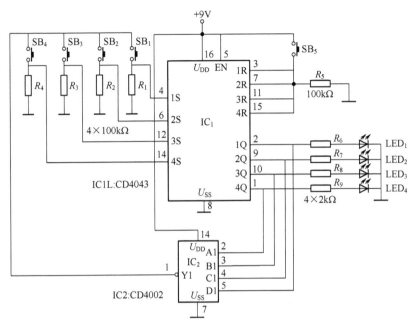

图 7-2 四人智力抢答器电路

制订计划

小组开展信息检索，根据任务要求制订工作计划，见表 7-2。

表 7-2 第_____小组工作计划表

学习环节	内　　容	完成时间	完成情况	负责人
一、元器件	1. 确定元器件清单和借用仪器仪表清单，领取材料			
	2. CD4043 及 CD4002 的功能与管脚排列			
	3. RS 触发器逻辑功能的仿真测试			
	4. 四—三态 RS 锁存器 CD4043 的仿真测试			
	5. 识别与检测其他电子元器件			
二、制作、调试直流稳压电源电路	1. 电路布线			
	2. 电路焊接			
	3. 通电调试与电路检测			

做出决策

（1）各小组对本组制订的计划方案进行展示与说明。

（2）小组互评和教师点评。

（3）对计划进行修改。

（4）确定方案。

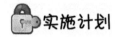

实施计划

一、元器件

1. 确定、准备元器件

根据电路原理图确定元器件清单（见表7-3）和借用仪器仪表（见表7-4），并领取材料。

表7-3 元器件清单

序 号	符 号	名 称	规格型号	数 量	领取人员签名

注：表格不够填写可以另加。

表7-4 借用仪器仪表清单

序 号	名 称	规格型号	数 量	借出时间	借用人	归还时间	归还人	管理员签名

注：表格不够填写可以另加。

2. 查找芯片 CD4043 及 CD4002 的引脚排列与功能（完成表7-5）

表7-5 CD4043 及 CD4002 的引脚排列与功能

芯 片	引 脚 图	功 能
CD4043		
CD4002		

3. RS 触发器逻辑功能的仿真测试

（1）打开 Multisim 软件，画出 RS 触发器逻辑功能的仿真测试图，如图 7-3 所示。

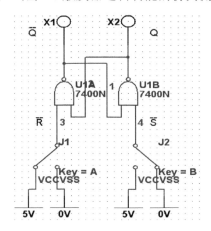

图 7-3   RS 触发器逻辑功能的测试图

（2）进行仿真，如图 7-4 所示，并把仿真测试数据填入表 7-6 中。

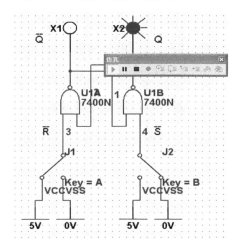

图 7-4   RS 触发器逻辑功能的仿真测试图

表 7-6   基本 RS 触发器逻辑功能测试表

输　入		输　出		功　能
$\overline{R}_D$	$\overline{S}_D$	Q	$\overline{Q}$	
0	0			
0	1			
1	0			
1	1			

4. 四—三态 RS 锁存器 CD4043 的仿真测试

CD4043 的内部包含＿＿＿个基本 RS 触发器，它采用三态单端输出，由芯片的引脚 5EN 信号控制。

　　CD4043 的仿真测试如图 7-5 所示，请根据仿真结果，填写表 7-7。

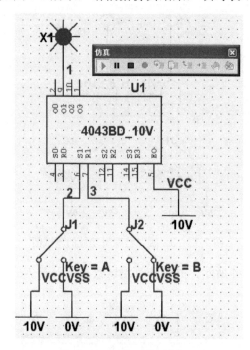

图 7-5　CD4043 的仿真测试

表 7-7　CD4043 的功能表

EN	1S	1R	1Q
0	×	×	
1	0	0	
1	0	1	
1	1	0	
1	1	1	

　　对比表 7-6、表 7-7 两个测试表格，可以看出，基本 RS 触发器的输入端是＿＿＿电平有效，而 CD4043 的输入端是＿＿＿＿电平有效。

5. 识别与检测其他电子元器件

二、安装、调试四人抢答器电路

1. 电路布线

设计电路布局及走线图，并画在下面方框中。

（空白框）

2. 电路焊接

合理设计电路，按要求插装元器件并进行焊接，完成焊接情况自检表，见表 7-8。

表 7-8 焊接情况自检表

检测项目	检测结果	出现问题原因及解决方法
电源对地不短路		
布线美观		
正确接线		
元器件完好、无损伤		
焊点质量		
其他		

3. 通电调试与电路检测

（1）完成电路的连接并经检查无误后，方能接通 9V 直流电源，通电后的现象如下。

（2）按要求进行测量。

① 按下按键 SB_5 时，观察发光二极管 $LED_1 \sim LED_4$ 的亮灭情况，记录于表 7-9 中。

② 依次按下按键 $SB_1 \sim SB_4$，观察发光二极管 $LED_1 \sim LED_4$ 的亮灭情况，记录于表 7-9。

表 7-9 抢答器的工作情况记录

按键	发光二极管的亮灭情况			
	LED_1	LED_2	LED_3	LED_4
SB_5（按下）				
SB_1（按下）				
SB_2（按下）				
SB_3（按下）				
SB_4（按下）				

（3）根据测量结果，判断电路是否有故障？具体的故障有哪些？

（4）如何排除故障？

（5）根据测量结果，写出电路工作过程（原理）。

总结与评价

1. 总结

（1）学生根据学习情况写出心得体会。

（2）学生根据项目完成情况，以小组为单位，展示、汇报学习成果。

2. 评价

（1）学生完成评价表（见表 7-10）自我评价部分。

（2）小组长组织学生通过互评等方式完成小组评价部分。

（3）教师根据学生表现，完成教师评价部分。

表 7-10　评价表

评价项目	评价内容	配分	评价方式		
			自我评价	小组评价	教师评价
出勤 仪容仪表	1. 学生出勤情况 2. 学生仪容仪表情况	10 分			
学习表现	1. 学生参与学习的情况 2. 学习过程中沟通、协调、回答、解决问题的能力 3. 汇报时表达能力 4. 团队合作情况	30 分			
任务完成情况	1. 学生根据任务书完成学习任务情况 2. 学生掌握知识与技能的程度 3. 成果汇报得分	50 分			
安全文明生产	1. 严格执行操作规程及相关安全文明操作 2. 6S 现场管理	10 分			
创造性 学习（加分项）	考核学生创新意识、环保意识	10 分	—	—	
小　计					
总成绩=自我评价×20% +小组评价×30% +教师评价×50%					

拓展与延伸

请结合本项目所学知识，按照图 7-5 制作一个带数码显示的八路报答器。

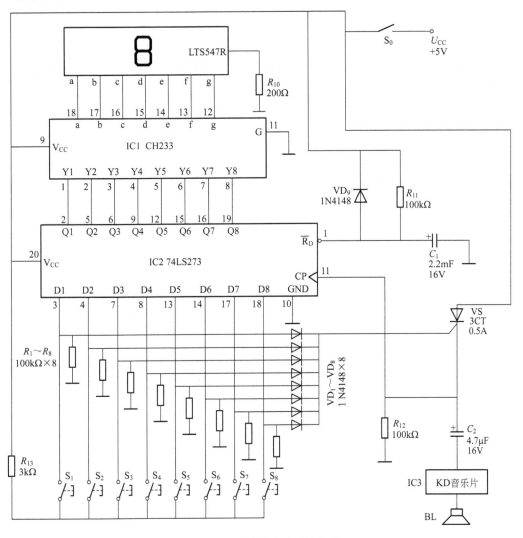

图 7-6 八路带数字显示抢答器

具体要求如下。

（1）查找芯片 CH232 和芯片 74LS273 的功能和引脚的用法。

（2）查找一位共阴数码管的用法。

（3）说出此电路的原理。

（4）制作此电路并通电调试。

项目 **8** 门铃电路的安装与调试

项目介绍

　　常见的电子门铃，是当门外的按钮开关被人按压后，门内的门铃就会发出响声提醒主人有客人来。随着科学技术的发展，门铃的功能越来越多，现在还有可以在楼下与楼上的主人直接讲话的门铃，还可以通过摄像头让家里的主人在屏幕上看到楼下的来客，如图8-1所示是生活中的门铃。

　　本项目要求安装与调试门铃电路，按下按钮时，门内的门铃就会发出响声提醒主人有客人来。

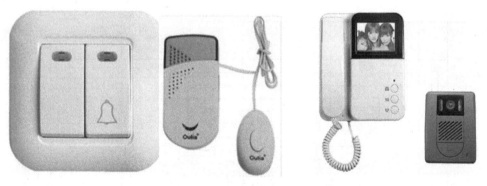

图8-1　生活中的门铃

学习目标

　　1. 能制订门铃电路安装与调试的工作计划。

　　2. 能识别555定时器的引脚及功能。

　　3. 会使用示波器检测由555定时器组成的多谐振荡器、单稳态触发器、施密特触发器的输入/输出电压波形及大小。

　　4. 会使用焊接工具制作及调试音乐门铃。

　　5. 能说出多谐振荡器、单稳态触发器、施密特触发器的工作原理和主要用途。

　　6. 能利用555设计简单的延时电路。

　　7. 能撰写学习记录及小结。

　　建议课时：12课时

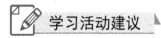

学习活动建议

1. 根据"工作页"提前准备学习资源（包括学习资料、工具、材料、仪表等）。
2. 学生根据"工作页"指引，通过查阅"相关知识"等资料完成学习。
3. 根据评价材料完成项目学习评价。

工作页

学习准备

1. 分组、分工情况（见表8-1）

表8-1

姓 名	分 工	职 责	备 注
	组长	统筹协调小组活动	1 人
	记录员	记录实验数据	1～2 人
	宣传员	收集学习资料、图片	1～2 人
	多面手	根据组长分工完成具体任务	多人

2. 学习资源

学生：教材、工作页、文具、万用表、电烙铁、常用电工工具。

教师：示波器、相关电子元器件。

明确任务

1. 任务导入（见图8-2）

图8-2　生活中的烦恼

从图8-2中我们可以看到李先生是非常的苦恼，匆匆忙忙下楼却忘记拿钥匙。他家在二楼，那怎么办呢？敲门?不可能！屋外叫喊？不文明!!还不一定能听到。谁能帮李先生彻底解决他的苦恼呢？

（1）你家里有没有门铃？是怎样的门铃？请你描述一下。

（2）声音是怎样发出来的？

（3）你见过的门铃有哪几类？列举门铃应用的场所。

2. 明确任务——制作一个简单门铃

具体要求如下。

根据如图 8-3 所示的电路，小组讨论制订出简单门铃的制作和测试的方案，并根据方案，通过小组合作，每位同学完成一个简单门铃的制作和测试。

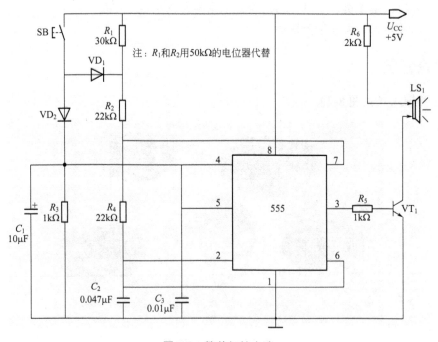

图 8-3　简单门铃电路

制订计划

小组开展信息检索，根据任务要求制订工作计划，见表 8-2。

表 8-2 第_____小组工作计划表

学习环节	内 容	完成时间	完成情况	负责人
一、元器件	1. 确定元器件清单和借用仪器仪表清单，领取材料			
	2. 认识 NE555 芯片			
	3. 555 多谐振荡器及其测试			
	4. 555 定时器逻辑功能			
	5. 识别与检测其他电子元器件			
二、制作、调试直流稳压电源电路	1. 电路布线			
	2. 电路焊接			
	3. 通电调试与电路检测			

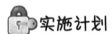

做出决策

（1）各小组对本组制订的计划方案进行展示与说明。
（2）小组互评和教师点评。
（3）对计划进行修改。
（4）确定方案。

实施计划

一、元器件

1. 确定、准备元器件

根据电路原理图确定元器件清单（见表 8-3）和借用仪器仪表（见表 8-4），并领取材料。

表 8-3 元器件清单

序 号	符 号	名 称	规格型号	数 量	领取人员签名

注：表格不够填写可以另加。

表 8-4　借用仪器仪表清单

序 号	名 称	规格型号	数 量	借出时间	借用人	归还时间	归还人	管理员签名

注：表格不够填写可以另加。

2. 认识 NE555 芯片（完成表 8-5）

555 定时器如图 8-4 所示。

（a）封装贴片外形

（b）封装外形

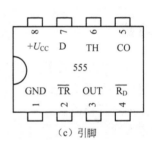
（c）引脚

图 8-4　555 定时器

根据图 8-4 及查阅相关资料填写表 8-5。

表 8-5　555 定时器的引脚

引 脚	名 称	引 脚 作 用
1		
2		
3		
4		
5		
6		
7		
8		

3. 555 多谐振荡器及其测试

具体步骤如下。

（1）按图 8-5 示利用 Multisim 软件连接电路。

（2）检查接线无误后，进行仿真。

（3）输出端 u_o 和 u_c 连接双踪示波器，观察 u_o 和 u_c 波形。

（4）将 u_o 和 u_c 波形记录在表 8-6 中。

（5）将 R_P 调置最大位置；逐步减少 R_P 电阻值，观察 u_o 和 u_c 的波形变化情况。

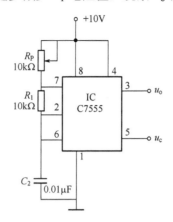

图 8-5 多谐振荡器

表 8-6 多谐振荡器测量记录表

	U_c	U_o
波形		

4. 555 定时器逻辑功能

通过对图 8-5 调试及查阅相关资料填写表 8-7。

表 8-7 555 定时器的逻辑功能

$\overline{RD}$	TH	$\overline{TR}$	OUT	放电管 T	功能
0	×	×			
1	$>2U_{CC}/3$	$>U_{CC}/3$			
1	$<2U_{CC}/3$	$<U_{CC}/3$			
1	$<2U_{CC}/3$	$>U_{CC}/3$			
1	$>2U_{CC}/3$	$<U_{CC}/3$			

5. 识别与检测其他电子元器件

二、安装、调试门铃电路

1. 电路布线

设计电路布局及走线图，并画在下面方框中。

2. 电路焊接

合理设计电路，按要求插装元器件并进行焊接，完成焊接情况自检表，见表 8-8。

表 8-8　焊接情况自检表

检测项目	检测结果	出现问题原因及解决方法
电源对地不短路		
布线美观		
正确接线		
元器件完好、无损伤		
焊点质量		
其他		

3. 调试与检测电路

（1）用示波器查看并画出 555 定时器引脚 3 的输出波形，完成表 8-9。

表 8-9　555 定时器引脚 3 的输出波形

按 钮 状 态	引脚 3 的输出波形
没按按钮 SB 时	
按住按钮 SB 时	
松开按钮 SB 时	

（2）电路通电后是否有故障？具体的故障有哪些？

（3）如何排除故障？

（4）声音效果不理想，改变相关参数再进行调试，把最终的参数写下来。

（5）写出电路各部分组成及功能。

① 多谐振荡器。

组成：＿＿＿＿＿＿＿＿＿＿＿＿＿＿＿＿＿＿＿＿＿＿＿＿＿＿＿＿＿＿＿＿

功能：＿＿＿＿＿＿＿＿＿＿＿＿＿＿＿＿＿＿＿＿＿＿＿＿＿＿＿＿＿＿＿＿

② 三极管放大。

组成：＿＿＿＿＿＿＿＿＿＿＿＿＿＿＿＿＿＿＿＿＿＿＿＿＿＿＿＿＿＿＿＿

功能：＿＿＿＿＿＿＿＿＿＿＿＿＿＿＿＿＿＿＿＿＿＿＿＿＿＿＿＿＿＿＿＿

③ 扬声器。

组成：＿＿＿＿＿＿＿＿＿＿＿＿＿＿＿＿＿＿＿＿＿＿＿＿＿＿＿＿＿＿＿＿

功能：＿＿＿＿＿＿＿＿＿＿＿＿＿＿＿＿＿＿＿＿＿＿＿＿＿＿＿＿＿＿＿＿

（6）写出简单门铃的发声原理。

总结与评价

1. 总结

（1）学生根据学习情况写出心得体会。

（2）学生根据项目完成情况，以小组为单位，展示、汇报学习成果。

2. 评价

（1）学生完成评价表（见表 8-10）自我评价部分。

（2）小组长组织小组成员通过互评等方式完成小组评价部分。

（3）教师根据学生表现，完成教师评价部分。

表 8-10　评价表

评价项目	评价内容	配分	评价方式		
			自我评价	小组评价	教师评价
出勤 仪容仪表	1. 学生出勤情况 2. 学生仪容仪表情况	10 分			
学习表现	1. 学生参与学习的情况 2. 学习过程中沟通、协调、回答、解决问题的能力 3. 汇报时的表达能力 4. 团队合作的情况	30 分			
任务完成情况	1. 学生根据任务书完成学习任务情况 2. 学生掌握知识与技能的程度 3. 成果汇报得分	50 分			
安全文明生产	1. 严格执行操作规程及相关安全文明操作 2. 6S 现场管理	10 分			
创造性 学习（加分项）	考核学生创新意识、环保意识	10 分	—	—	
小　计					
总成绩=自我评价×20% +小组评价×30% +教师评价×50%					

拓展与延伸

设计简单的延时电路，要求按了开关后灯泡亮，过一段时间灯泡自动熄灭。

（1）小组讨论设计方案，利用 Multisim 软件，对所设计的电路进行仿真。

　　提示：可以采用 555 单稳态的延时功能。

（2）在下面的空白方框处画出电路。

（3）写出电路各部分组成及功能。

（4）利用 Multisim 软件展示。

项目 **9** 电子电路的综合应用

📖 项目介绍

到企业参观学习是每一个职业院校学生必须拥有的经历，它能促使学生在实践中了解社会的需求，在实践中巩固自己的知识；企业参观学习也是对每一个学生专业知识与素养的一种检验，除了能学到平时在课堂上学不到的知识，又开阔了视野，为同学们将来走向社会打下坚实的基础。

本项目通过到电子产品生产企业参观学习，了解电子产品整机生产与装配工艺，并了解企业安全生产、节能环保和产品质量的相关规定。

此外，通过对物联网空气质量监测系统的介绍学习，让学生综合了解电子电路的应用，并展示了目前流行的电子电路应用，这有助于学生了解电子电路的发展趋势，提升学生学习兴趣。

✒️ 学习目标

1. 能描述电子产品的生产环境、生产设备。
2. 能说出电子产品生产制造的工艺流程。
3. 能利用所学知识识读技术文件。
4. 形成电子企业从业的职业道德规范及安全生产、节能环保意识。
5. 能撰写调查报告。

建议课时：12课时（可利用课余时间完成）

📝 学习活动建议

1. 本项目的参观环节可以视学校和企业具体情况提前安排。
2. 电子电路的综合应用——设计制作基于物联网的空气质量监测系统可作为选做内容，学生可以自行设计制作电子产品。

工作页

学习准备

（1）提前按企业要求着装，以小组形式参观学习。
（2）学习资源。
学生：教材、工作页、笔记本、笔、相机、录音笔等。
教师：相机、录音笔等。

明确任务

1. 任务导入

（1）提前收集待参观企业信息。

企业名称：_____　　　地点：_____

经营范围：

经营理念：

企业规模：

其他注意事项：

（2）提前学习"参观注意事项"。

2. 明确任务——参观电子产品生产企业

具体要求如下。

（1）熟悉电子产品的生产环境、生产设备。

（2）了解电子产品生产制造的工艺流程。

（3）利用所学知识识读技术文件，学习企业安全生产、节能环保和产品质量的相关规定。

🔒 实施计划

参观企业，完成下列内容，并根据附件提示，形成调查报告上交。

（1）电子产品的生产环境、生产设备描述。

（2）电子产品生产制造的工艺流程。

（3）企业安全生产、节能环保和产品质量的相关规定。

附：调查报告撰写说明

一般由标题和正文两部分组成。

（1）标题。标题可以有两种写法。一种是规范化的标题格式，即"发文主题"加"文种"，基本格式为"××关于××××的调查报告"、"关于××××的调查报告"、"××××调查"等。另一种是自由式标题，包括陈述式、提问式和正副题结合使用三种。

（2）正文。正文一般分前言、主体、结尾三部分。

① 前言。有几种写法：第一种是写明调查的起因或目的、时间和地点、对象或范围、经过与方法，以及人员组成等调查本身的情况，从中引出中心问题或基本结论来；第二种是写明调查对象的历史背景、大致发展经过、现实状况、主要成绩、突出问题等基本情况，进而提出中心问题或主要观点来。

② 主体。调查报告最主要的部分，这部分详述调查研究的基本情况、做法、经验，以及分析调查研究所得材料中得出的各种具体认识、观点和基本结论。

③ 结尾。结尾可以提出解决问题的方法、对策或下一步改进工作的建议；或总结全文的主要观点，进一步深化主题；或提出问题，引发人们的进一步思考；或展望前景，发出鼓舞和号召。

🎓 总结与评价

1．总结

学生根据参观学习情况写出调查报告。学生根据项目完成情况，以小组为单位，展示、汇报学习成果。

2. 评价

（1）学生完成评价表（见表 9-1）自我评价部分。

（2）小组长组织学生通过互评等方式完成小组评价部分。

（3）教师根据学生表现，完成教师评价部分。

表 9-1 评价表

评价项目	评价内容	配分	评价方式		
			自我评价	小组评价	教师评价
出勤 仪容仪表	1. 学生出勤情况 2. 学生仪容仪表情况	10 分			
参观时的纪律和学习态度	1. 学生参观时的纪律情况 2. 学生参观过程的学习态度	35 分			
任务完成情况	1. 学生工作页完成情况 2. 学生调查报告完成情况 3. 成果汇报得分	55 分			
小　计					
总成绩=自我评价×20% +小组评价×30% +教师评价×50%					

拓展与延伸

电子电路的综合应用

请结合本项目所学知识，制作一个基于物联网的空气质量监测系统。

具体要求如下。

（1）分析如图 9-1 所示的电路。

（2）领取元器件制作空气质量监测系统。

（3）通电调试系统。

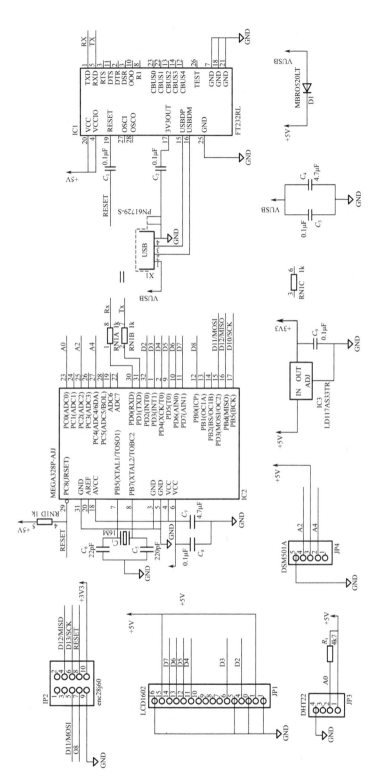

图9-1 基于物联网的空气质量监测系统